《艺术中国》丛书编委会

目录

Contents

第一章 综述

建筑是凝固的音乐。数千年来，无数的能工巧匠用自己的双手在中华大地上筑起了一个个“音符”，这些音符串联在一起，共同奏响了中国传统建筑的历史乐章。从原始巢穴开始，到西安古城、故宫、苏州园林、布达拉宫……，中国建筑以其鲜明的特色和布局原则屹立于世界建筑艺术之林，写就了一部土木构建的史书，记录着中国传统社会演进的历程，是古代乃至近现代中国各个时期各族人民智慧的结晶和艺术的丰碑。

一、缘起与传承

（一）原始社会时期

洞居和树居

在约 40 000 年前的中国，人类还处于蒙昧的原始社会早期，人们以游猎、采集为主要生产方式，使用手工打制的石器获得食物，居无定所。完全依赖大自然的原始居民们，为躲避猛兽的威胁和风雨的侵害，藏身于天然岩洞之中或树上。洞居和树居是人类的原始居住方式。（图 1-1）

北京山顶洞猿人遗址

穴居和巢居

在 40 000—7000 年前，随着狩猎经济向农耕经济的演变，人类使用的生产工具逐渐由打制石器过渡到磨制石器，原始社会也由旧石器时代跨入了新石器时代。在新石器时代，农耕经济的发展促使人类逐渐在临近农业耕作的地方建造固定的居所，以方便人类的生产和生活，于是促生了真正意义上的居住建筑。

河姆渡遗址全景

在中国北方黄河流域，人类选择临近他们耕作的地方掘地为穴、立木为棚，开创了穴居的居住方式，这类居所后来发展为木骨泥墙的地面房屋（图 1–2 至图 1–5）。在南方长江流域相应地出现了巢居建筑，而后发展为干栏式建筑（图 1–6 至图 1–10）。

经过漫长的演进，穴居和巢居这两种居住方式孕育出了中国古代原始建筑的雏形，“巢穴”二字也沉淀在中国文化中，成为中国人藏身之所的代名词。

姜寨原始聚落遗址复原图

（二）夏商周时期

聚落的出现

随着农业的发展和定居方式的出现，穴居和巢居已经不能满足人们的生产生活需求，为适应不同的气候条件和地貌条件，人们创造出多种居住形式，建造出多种类型的建筑，促使居住房屋多样性发展。为抵御自然灾害和野兽的侵袭，同时与氏族社会的组织结构相适应，原始人类选择了群居的居住方式，由此产生了由多种不同类型的建筑物和构筑物组合而成的聚落。在这些聚落中，原始人类对居住、生产、墓葬等方面的建筑有了较为明确的功能区分，反映出人类聚居观念的进步。（图 1–11）

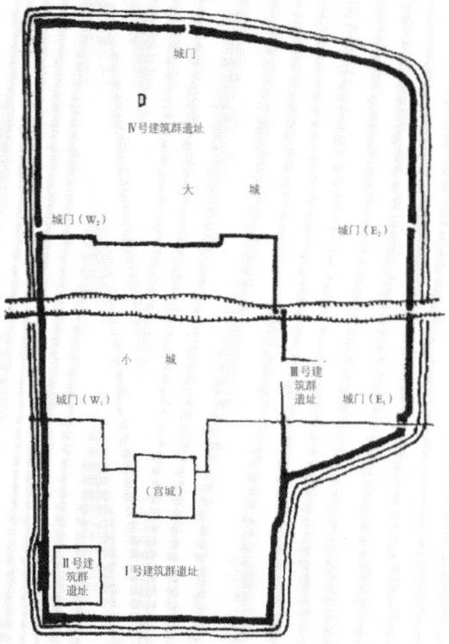

偃师商都城遗址平面图

城市的诞生

聚落的出现使人类活动越来越集中，随着社会的发展，聚落逐渐演化成早期的人类城市，由此揭开了中国城市文明的序幕。

公元前 21 世纪至公元前 11 世纪，活动于中国中原一带的夏、商、周氏族部落，经过不断的扩张、兼并和征服，相继建立了中国历史上早期的奴隶制国家。与这些国家的性质相适应，一批初具规模的古代防御性的军事城市也应运而生。（图 1–12）

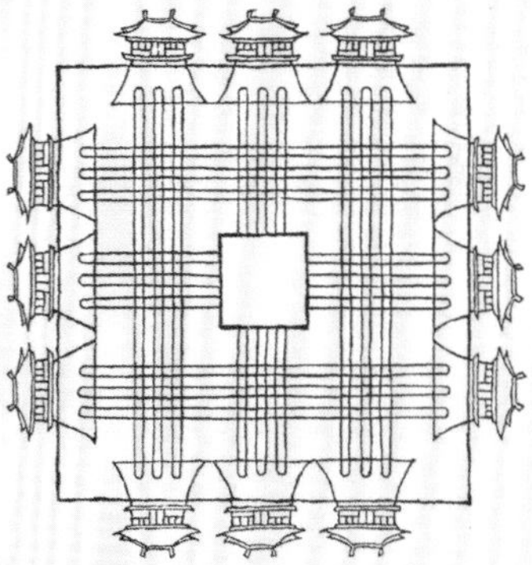
周王城示意图

春秋、战国时期，各诸侯国之间兼并战争不断，筑城活动更加频繁，出现了一大批著名的城市，如周王城（图 1–13）、燕下都、赵邯郸、魏大梁、鲁曲阜、吴淹城（图 1–14）、齐临淄等，城市建设也进入了划时代的繁荣时期。

吴淹城遗址

“三朝五门”宫殿形制与布局的形成

作为统治者居住和处理政务的场所，自商周时代起，宫殿就成为建筑艺术的最高代表。据古代文献记载，周天子处理政务的宫室依功能的不同分为外、内、燕“三朝”，后人根据文献材料对其宫殿的形制和形象进行了推定，得知其最大的特点是五门制，即周代宫室是由诸多的“门”和诸多被称为“朝”的广场及殿堂沿中轴线依次布置组成，形成所谓“三朝五门”的形制与布局。（图 1−15 至图 1−16）

偃师二里头一号宫殿

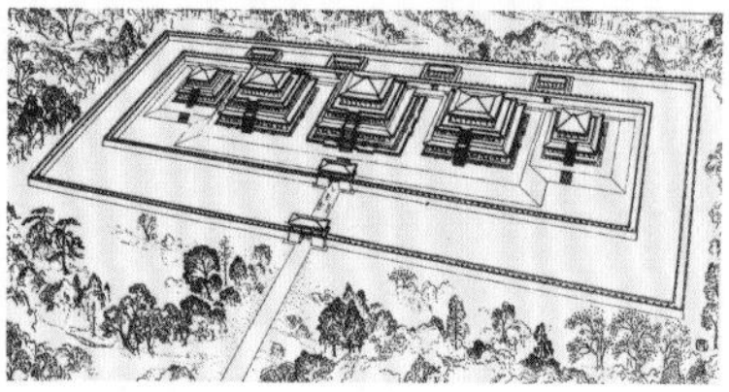

中山王陵复原图

为祭祀活动而出现的宗庙建筑

祭祀是古代一种重要的社会活动，随着奴隶社会的建立与发展，以及维护这一制度的宗法礼仪的不断加强，人们在祈年、祭祖、营建、出征、大丧时都要举行隆重的祭祀活动，为祭祀活动营建的宗庙（包括墓葬建筑）逐渐成为除宫殿外的另一种重要的建筑形式。（图 1−17 至图 1−18）

四合院雏形的出现

在夏商周时期，不仅宫殿和宗庙的建筑样式得以定型，民众的生活方式也固定下来，形成了富有特色的民居建筑形式。（图 1−19）

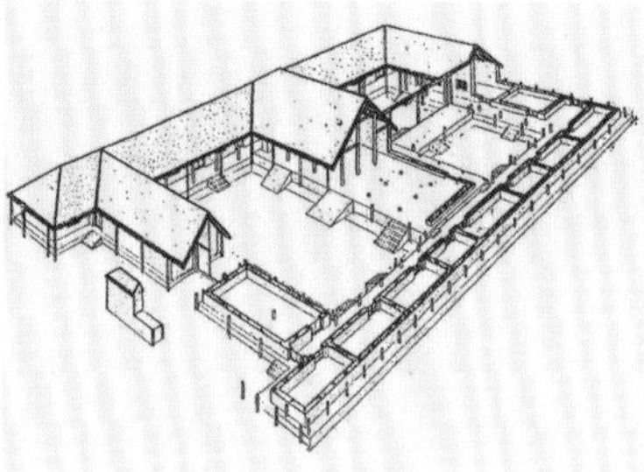

凤雏村西周早期建筑遗址复原图

（三）夏商周时期建筑的特色

功能不同的建筑样式或类型

夏商周时期属于奴隶制社会的早期，建造技术、规制还不成熟，建筑从总体形象到细部装饰都还处于中国建筑艺术发展的萌芽阶段，但当时的人们对建筑的功能已经进行了区分，出现了宫、室、堂、宅、亭、榭、楼、台、阁等不同的建筑样式或类型。这些不同的建筑类型不仅形式不同，寓意也不一样。建筑与自然环境的关系、建筑相互之间的关系以及位置等，都会使建筑具有不一样的功能和内涵，这些都成为界定建筑属性与功能的重要因素。

建筑形象初具艺术审美意识

商周时代，照壁、斗拱、瓦当等不仅成为建筑的构件，而且起到了装饰美化的作用。从古代文献中可以发现，当时的人们对建筑形象已经有了审美的体察和感受，如将屋顶的造型与展翅的俊鸟相比，《诗经》中有“如跂斯翼，如矢斯棘，如鸟斯革，如翚斯飞”的诗句，飞腾飘逸的意韵也成为中国传统建筑对形象和品格的追求。（图 1-20 至图 1-21）

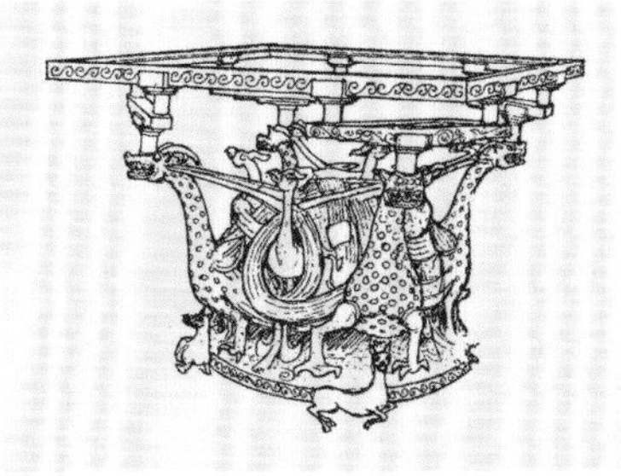

龙凤座铜案

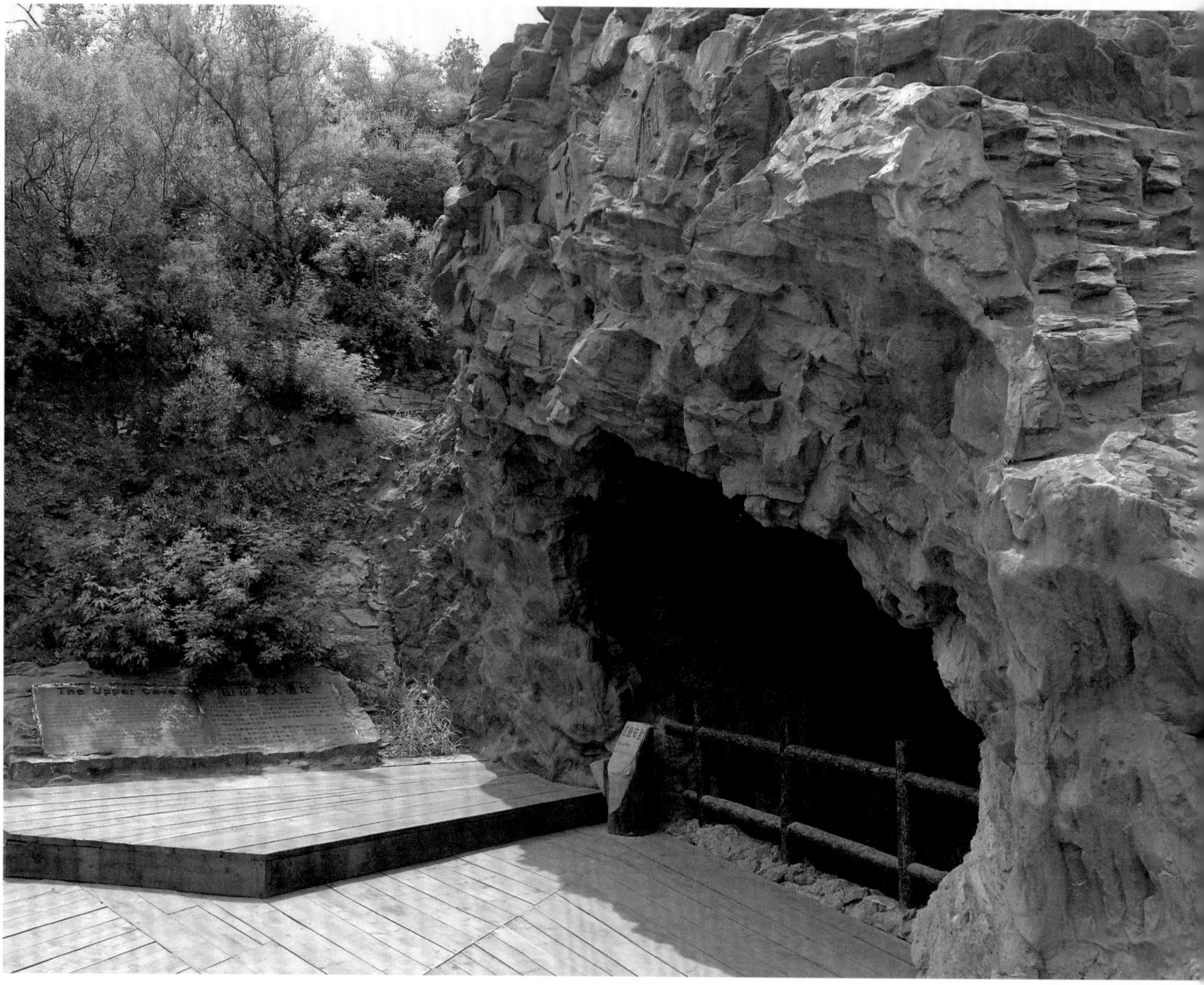

图 1-1
北京山顶洞猿人遗址

山顶洞猿人遗址位于北京市周口店龙骨山，洞口向北，高约 44 米，下宽约 5 米，分为洞口、上室、下室和下窨。人们不仅从北京山顶洞猿人遗址发掘出了人类化石，还发掘出了石器、骨器和穿孔饰物，并发现了中国迄今所知最早的墓葬。

图 1-2 西安半坡遗址

西安半坡遗址位于陕西省西安市东郊半坡村，是典型的原始社会母系氏族公社村落遗址，属新石器时代仰韶文化，距今约 7000 年。半坡聚落的区域略呈椭圆形。居住区在中央，分南、北两片，每片有一座公共活动用的大房屋，还有若干小房子，其间分布着窖穴和牲畜圈栏。居住区有壕沟环绕，沟北是公共墓地，沟东为陶窑场。

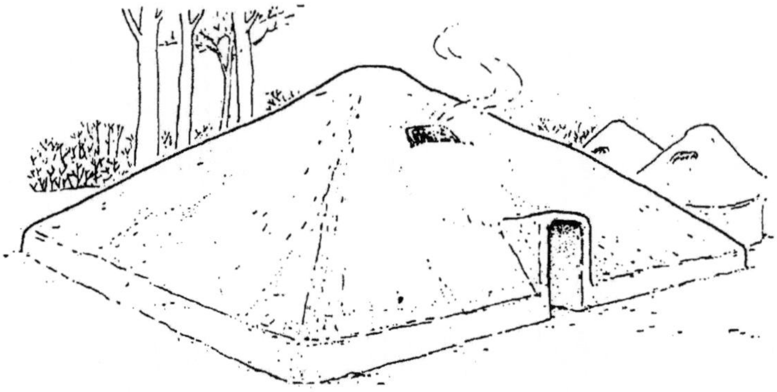

图 1-3
半坡遗址居住区中心的大房子复原图

半坡遗址的大房子是母系氏族公社中氏族首领及老弱病残的住所，兼做举行氏族会议、庆祝及祭祀活动的场所，也是最早出现的具有聚落管理、聚会和集体福利性质的公共建筑。大房子平面呈方形，出、入口面向广场。在中心灶坑周围对称布置有 4 根立柱，前面是宽敞的大空间，后排柱子之间是以隔墙分隔的小室。

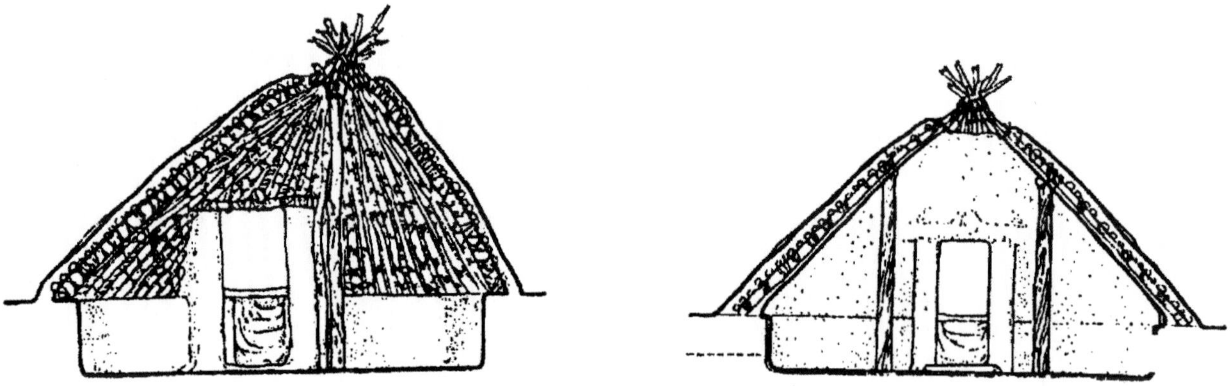

图 1-4
半坡遗址中的穴居建筑复原图

半坡遗址中的穴居建筑，大一点的通常在穴坑中部立有中心木柱，或在火塘两侧对称布置一组木柱来支撑上面的屋顶。早期的屋顶与墙壁尚未分离，通常是在坑边直接排立斜椽与中心柱相交，构成四坡式的屋顶，构件交接部位都是用藤葛或由植物纤维加工而成的绳索扎结固定的。

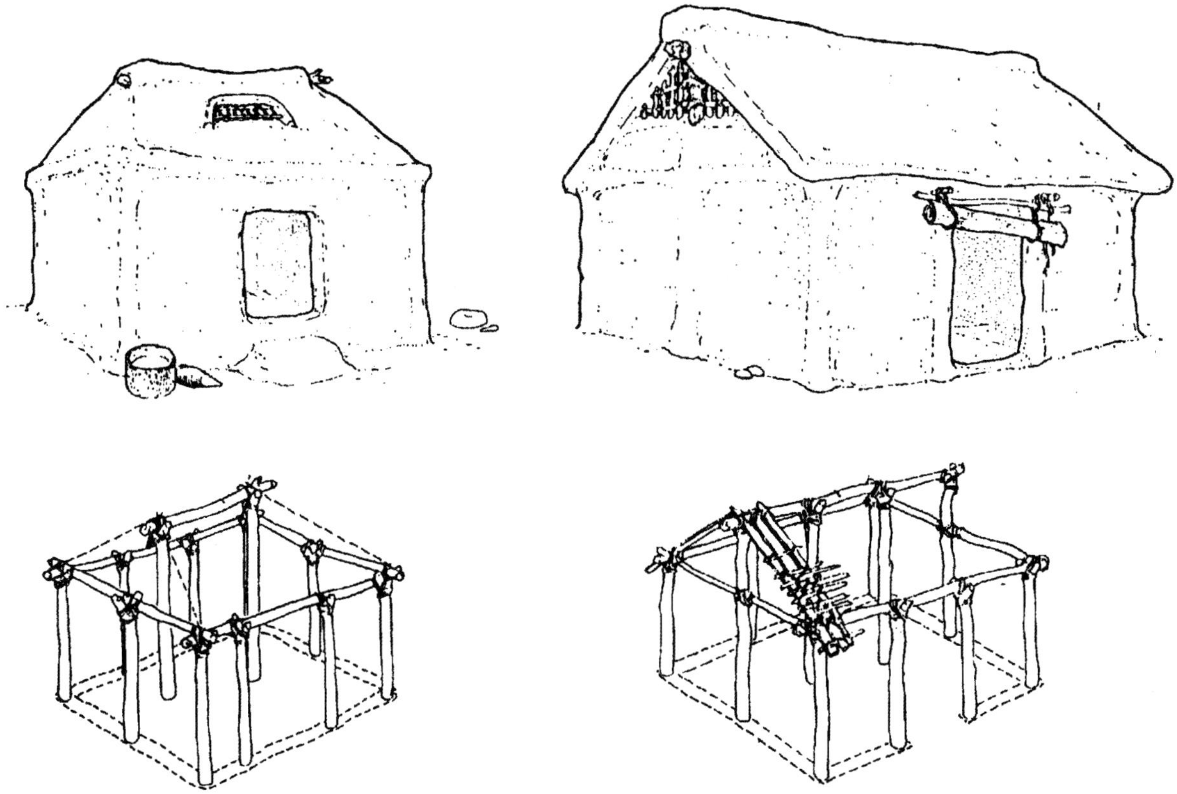

图 1-5
半坡地面建筑

半坡晚期出现了地面建筑，这时墙面与屋顶已经完全分离，房屋较长的一面墙正中开有大门，形成主立面和中轴线，结构采用纵横绑扎的梁架体系，屋顶为四坡或两坡顶。墙内立柱之间支撑密排的细柱，墙体不承重，为纯粹的围护结构，是中国木构架建筑体系的雏形。

图 1-6
河姆渡原始建筑复原实物图

河姆渡原始建筑遗址位于浙江省余姚市河姆渡镇，建筑年代距今约 7000 年。遗址中一组组木柱和木桩有规律地排列着，并沿着山坡等高线呈扇形分布。这组建筑原以桩木为支架，上面设大梁和小梁，构成架空的基座，再在上面立柱子、架横梁和椽子等构件。这是中国出现的最早的干栏式建筑。

图 1-7
河姆渡遗址全景

图 1-8
干栏式建筑的象形文字

中国古代象形文字生动地描绘了物体的外形特征。右图中的文字是中国四川出土的青铜錞于上的象形文字，表现了依树构屋的形象。而在没有树木的地方，人们则仿照树居的方式，用采伐的木头做成桩、柱，在地面上建成架空的居住建筑，从而将居所从树上转移到地面上。

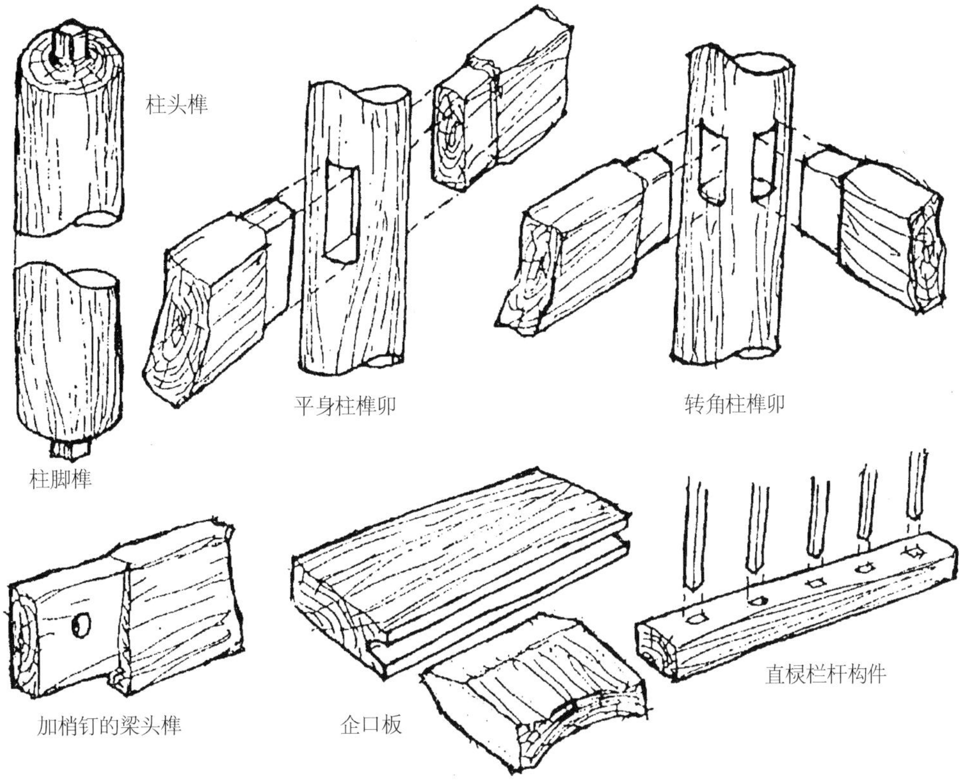

图 1-9
最早的榫卯结构

在浙江河姆渡干栏式建筑遗址中发现，当时的原始人能够使用简单的木构件建起几十米的长屋，说明当时的木结构技术已经达到了相当高的水平。在这些倒塌的木构件上发现有用石斧、石凿、石楔、骨凿等原始工具加工而成的榫头和卯口，这是中国现已发现的最早的榫卯实例。

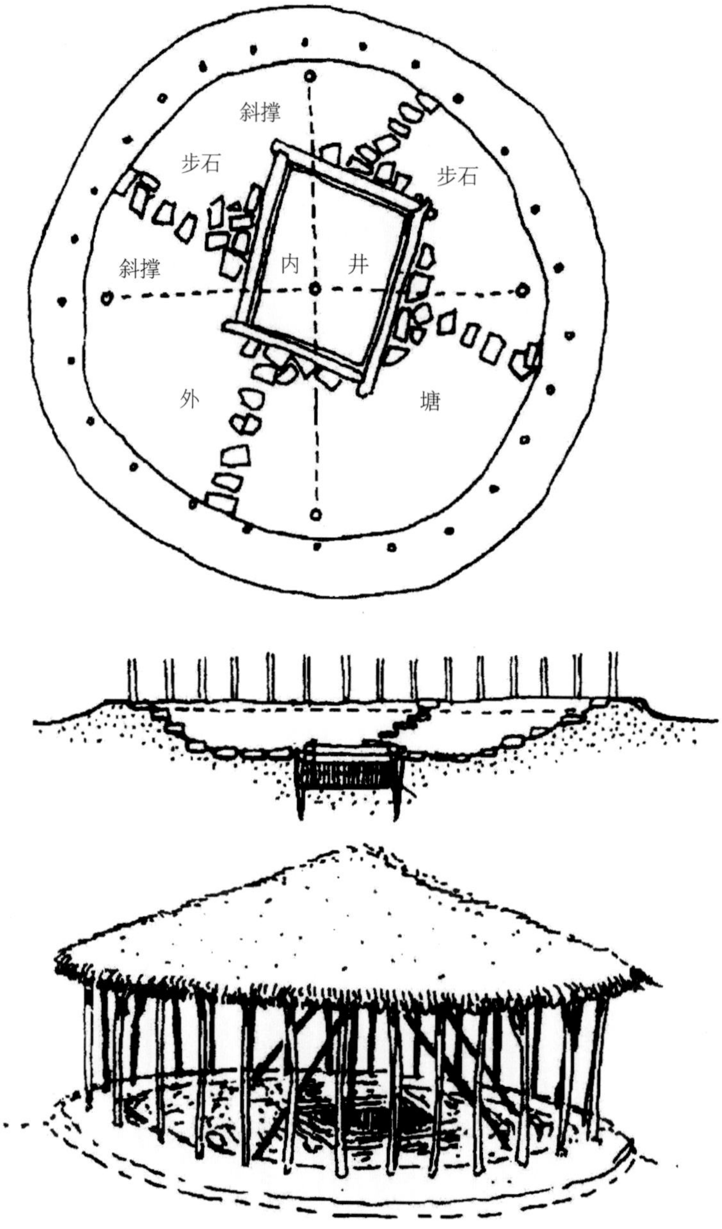

图 1-10
河姆渡遗址水井复原图

经过几千年的发展，许多原始文字已经改变了最初的形态和意义，但人们仍然可以通过许多现存的文字窥见原始社会文化，如“井”字就与原始社会水井的建造密不可分。在河姆渡遗址中发现了中国最早的水井和井干结构技术，在方坑四周，人们采用井干式的结构方式，将圆木层层叠放加固构成井壁，“井”字便由此而来，井干结构作为木构建筑的一种主要结构形式在此时已见端倪。

图 1-11
姜寨原始聚落遗址复原图

姜寨原始聚落遗址位于陕西省西安市临潼区人民北路，年代为公元前 4600—前 4400 年，属于仰韶文化。聚落中有房屋 100 余座，分为 5 个组群，每组分别有广场和中心的大房子，周围环绕住房和窑穴，外有壕沟围护。

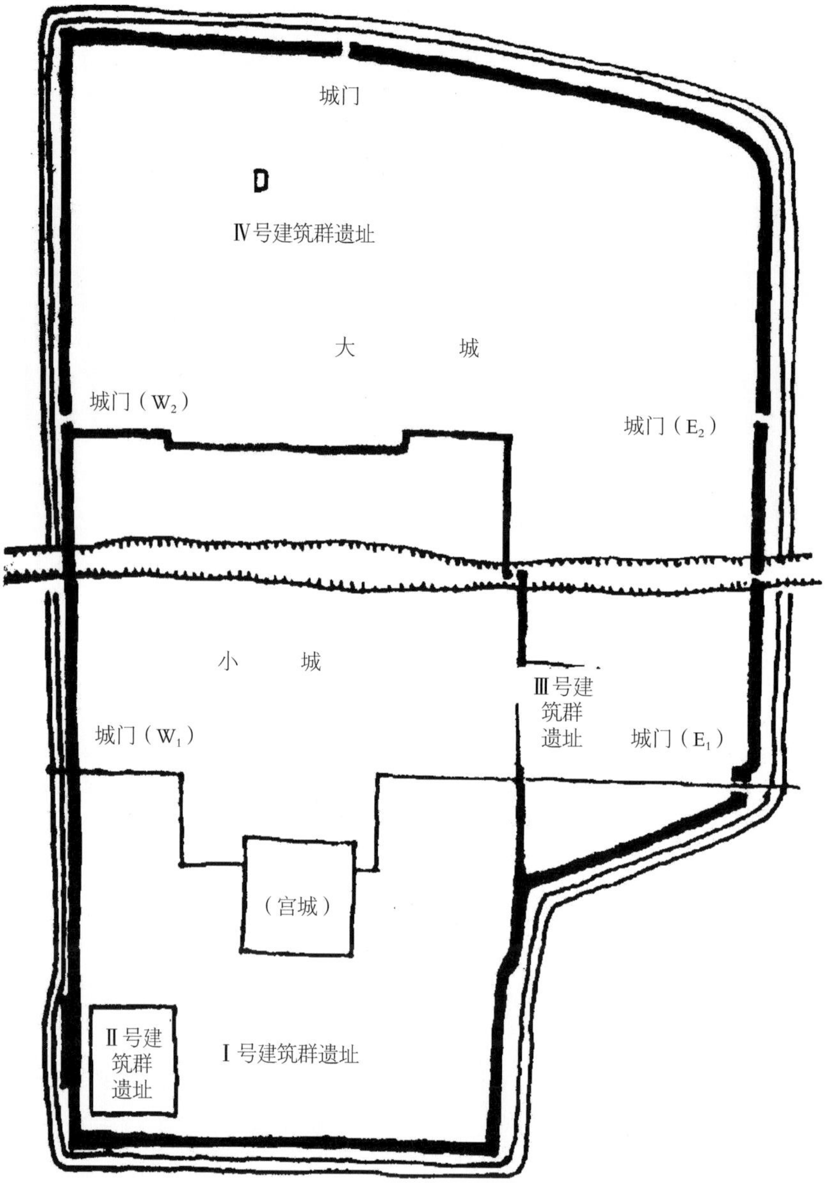

图 1-12 偃师商都城遗址平面图

夏朝末年，夏桀暴虐无道、荒淫无耻，赋税无度，民众苦不堪言。大约在公元前 1600 年，强大起来的商部落在商汤的带领下正式伐夏，最终灭掉了夏朝，建立了商朝，并在夏都附近的商部落世祖帝喾的旧都亳地附近建立了一座新都，这座都城也叫作“亳”，被后人称为西亳，位于河南偃师。城址平面呈长方形，面积约 190 万平方米。整个城淤埋于地下，除南城墙被洛河冲毁外，其余部分保存较为完好，现存的西、北、东段城墙均是用夯土方法筑成的。

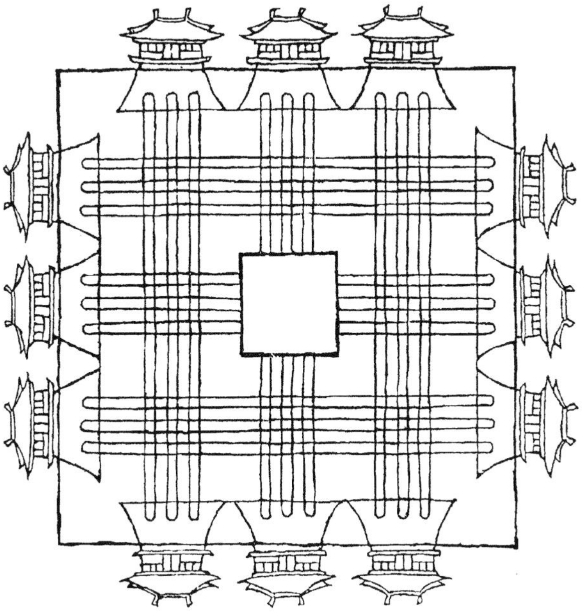

图 1-13 周王城示意图

公元前 1042 年，周成王登基，在洛邑营建都城，据成书于春秋时期的齐国官书《考工记》所载，王城平面呈方形，每边长 9 里（1 里等于 500 米），每面开三门。城中纵横各设 9 条大街，每条大街宽度可容 9 辆马车并行。城中心设宫城，左设宗庙，右设社稷坛，前布外朝，后接宫市，外朝与宫市的面积均为 100 步见方（即百亩之地，1 亩约为 666.7 平方米）。这种布局成为以后中国都城的理想模式。

图 1-14 吴淹城遗址

吴淹城遗址位于江苏省常州市武进区湖塘桥西，距今已有 2700 多年的历史，是国内保存最完整、形制最独特的春秋地面城池遗址。城址有外城、内城、子城，共三重，呈现为“三城三河”相套的形式，是商王城形制的继承和发展。关于淹城的来历和淹城的主人究竟是谁，史学界和考古界众说纷纭，至今仍无定论。

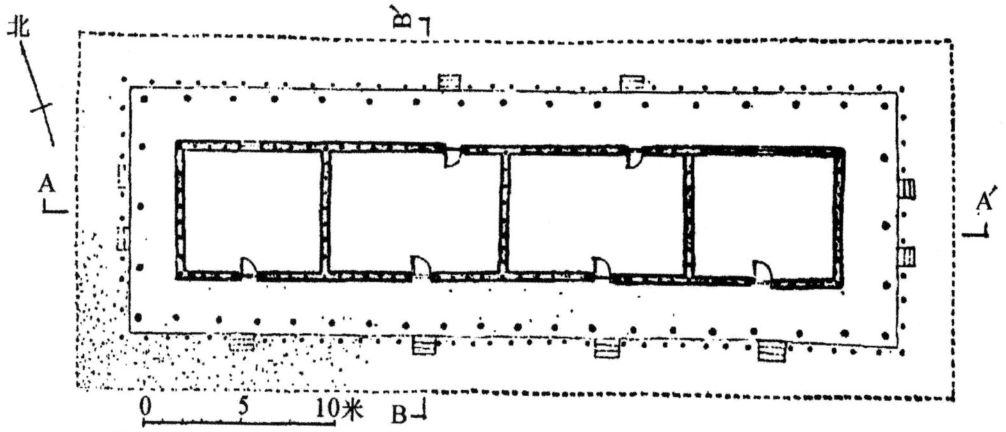

复原平面图

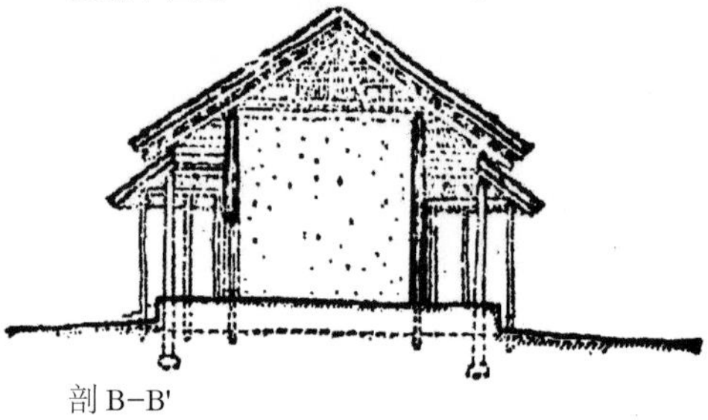

剖 B–B'

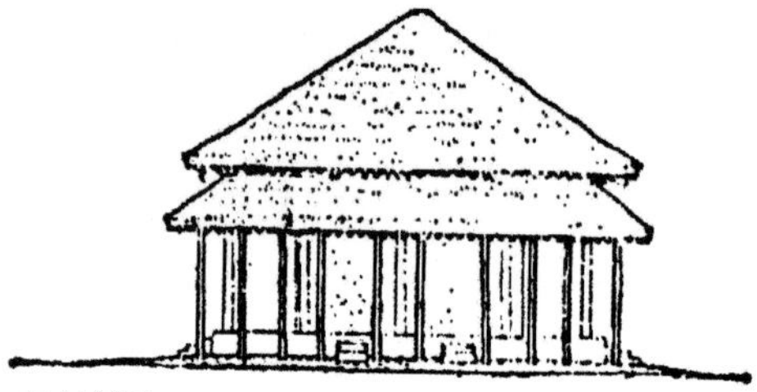

东立面图

南立面图

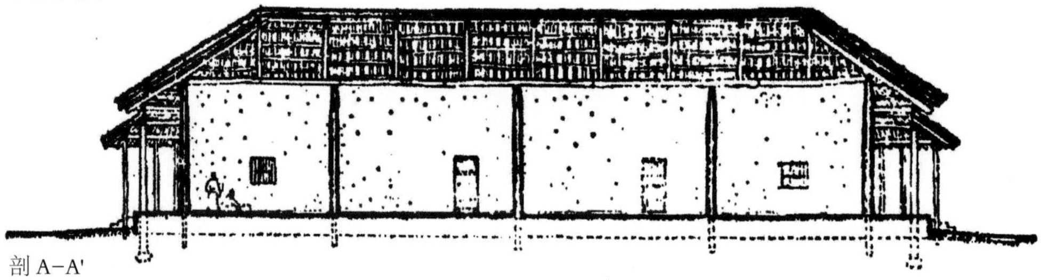

剖 A–A'

图 1-15 盘龙城商代早期宫殿遗址复原图

盘龙城商代早期宫殿遗址位于湖北省武汉市黄陂区，距今有 3500 多年历史。遗址内有三座坐北朝南的大型宫殿基址，保存有较完整的墙基、柱础、柱洞和阶前的散水。目前已经挖掘其中两座宫殿，前面的一座宫殿是不分室的通体大厅堂，后面一座宫殿是四周有回廊、中间分为四室的寝殿。两座宫殿的布局与文献记载的“前朝后寝”制度相符。

图 1-16
偃师二里头一号宫殿

偃师二里头一号宫殿位于河南省偃师县洛河之畔，是夏晚期的宫殿遗址，也是早期宫殿遗址中最具代表性的一处。据测定，二里头宫殿遗址的年代为公元前 1900 年至公元前 1600 年。殿堂面阔八间，进深三间，为轩敞的四坡重檐式殿堂。殿前的庭院面积达 5000 平方米，可举行大型集会，反映了中国早期庭院布局的面貌，是中国最早的规模较大的木架夯土建筑和庭院的实例。

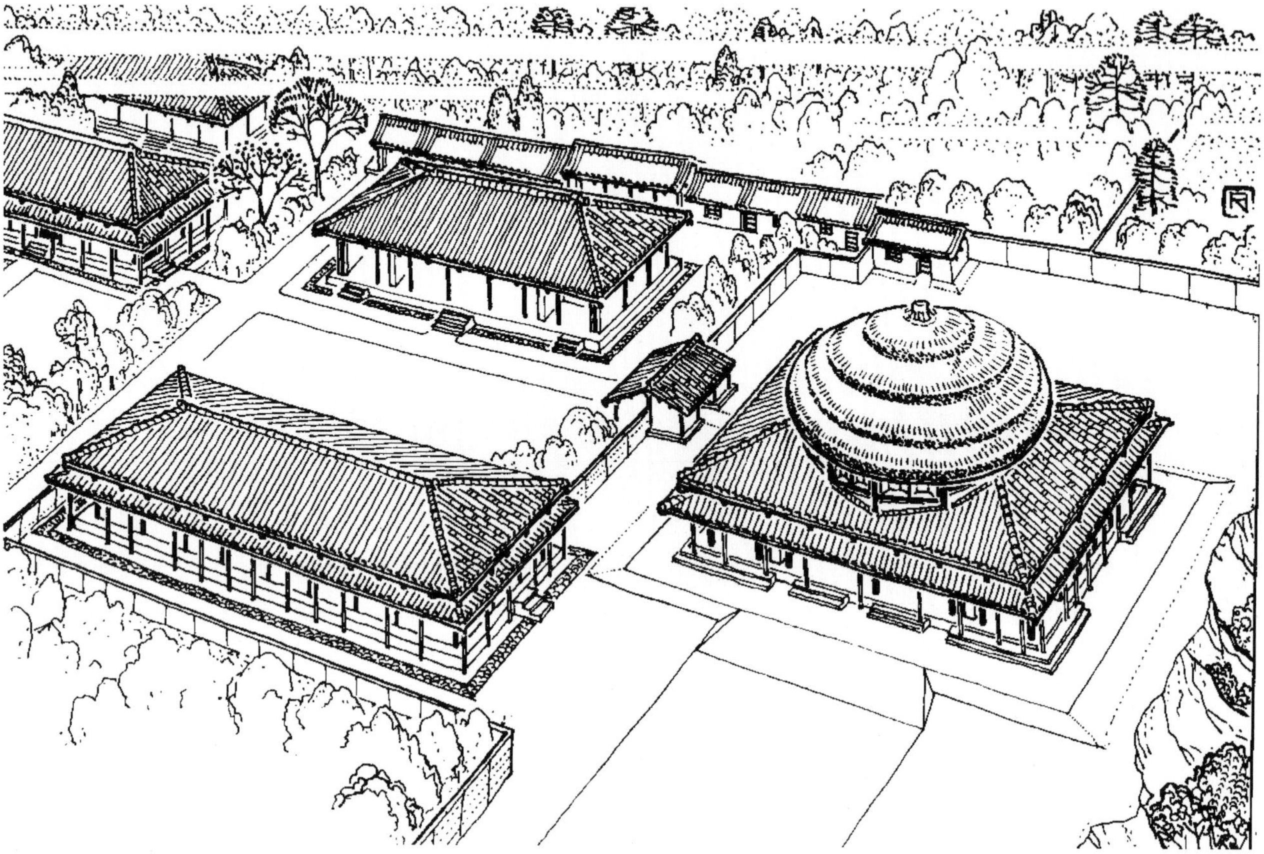

图 1-17 秦公宗庙建筑遗址复原图

秦公宗庙建筑遗址位于陕西省凤翔县城南郊秦雍城遗址内，是迄今所见规模最大、保存最好的先秦宗庙建筑群遗址。在中国古代宗庙的平面布局中，通常以太祖庙居中，昭庙与穆庙分列左右，这座秦公宗庙建筑遗址较典型地反映了这种布局制度。

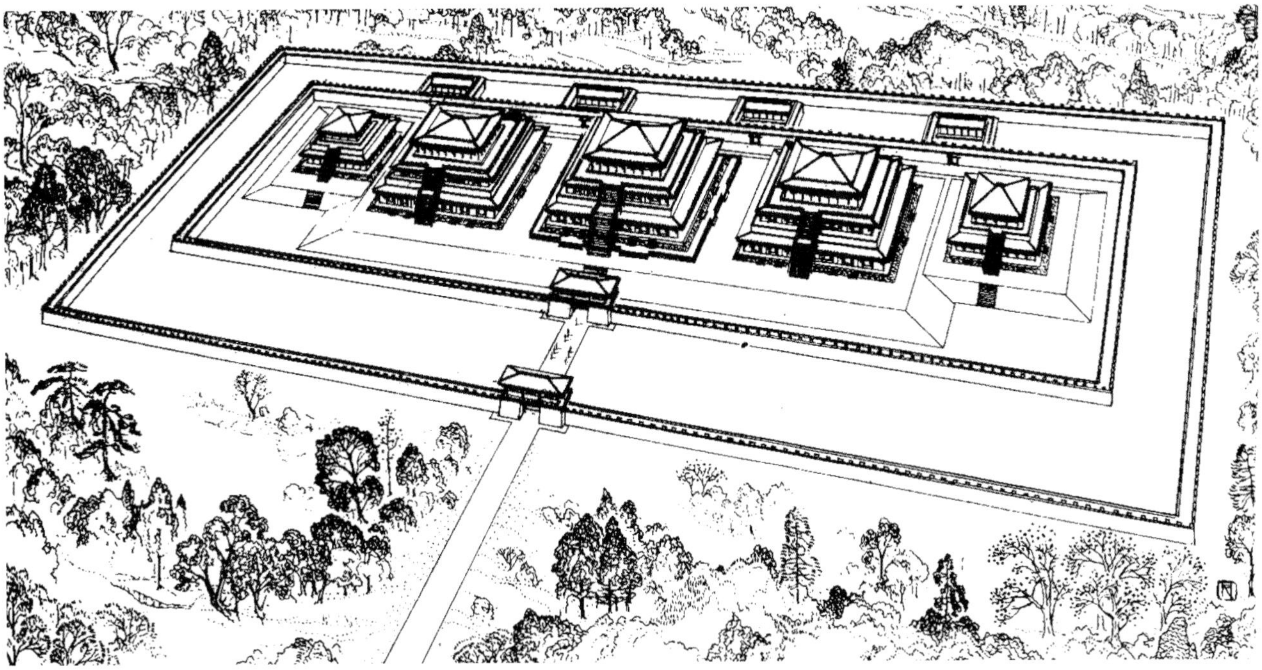

图 1-18 中山王陵复原图

中国古代的宗庙具有严格的规制，用于区分亲疏贵贱，天子立七庙，诸侯立五庙，大夫立三庙，士立一庙，庶人无庙。昭穆制度也是中国古代宗庙制度之一，是指古代宗庙、墓地的排列次序，始祖居中，左昭右穆。一世为昭，二世为穆，三世为昭，四世为穆。以此类推，单数世为昭，双数世为穆；长为昭，幼为穆；嫡为昭，庶为穆。

中山王陵位于河北省平山县上三汲乡，陵区外围环绕着两道横向的长方形墙垣，内为“凸”字形的封土台，台上并列 5 座方形享堂，中间 3 座为祭祀中山王和两位王后的享堂。享堂为典型的高台式建筑，内部是 3 层高的夯土台，呈现出主次分明、中心突出的雄伟气象。

中山国是春秋战国时期由北方鲜虞人建立的一个小国，公元前 338 年，中山桓公在中山古城建都。中山国历时 80 余年，共历 5 位君主，其中 3 位葬在中山王陵里。

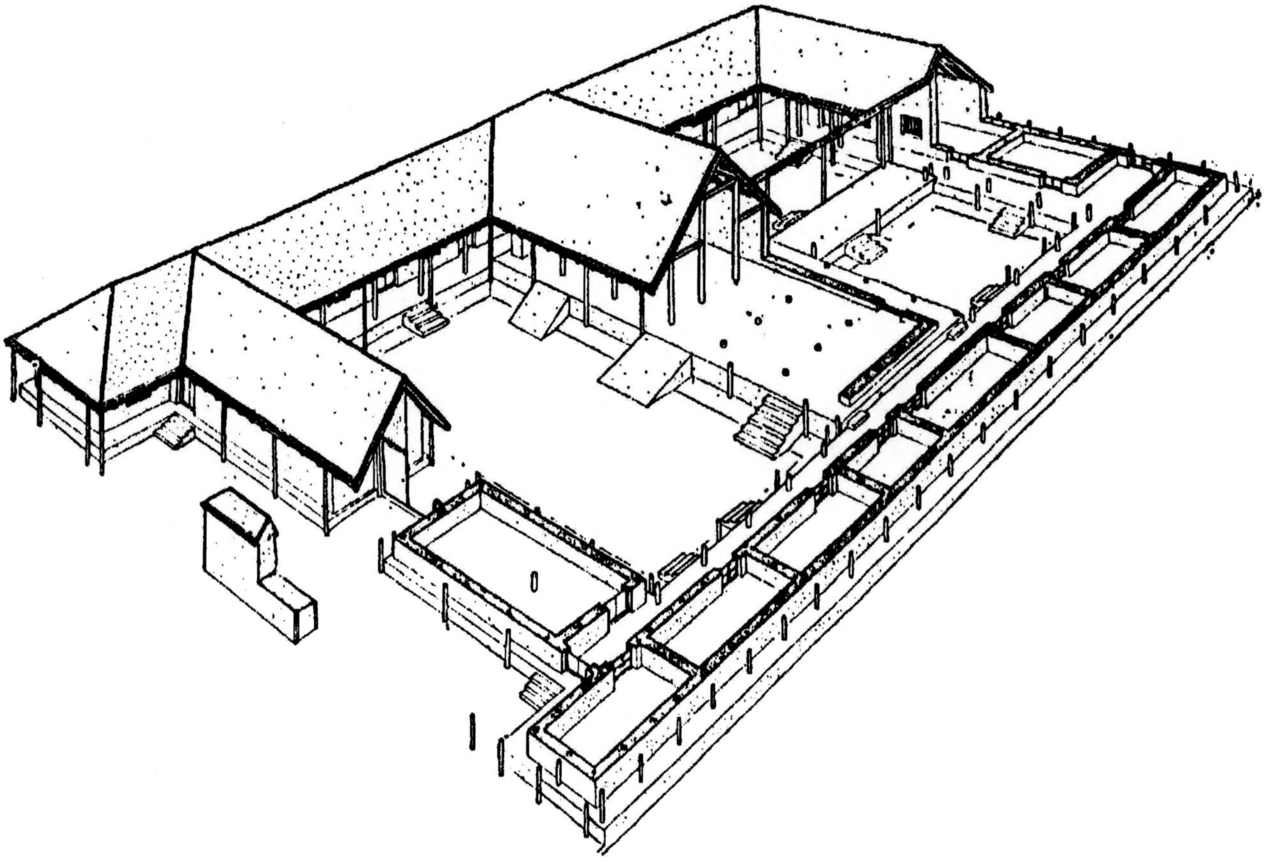

图 1-19
凤雏村西周早期建筑遗址复原图

1976 年，在陕西省岐山县东北的凤雏村，人们发现了一座建于西周早期的大型建筑遗址。该遗址是一座相当严整的两进四合院建筑，采用内向封闭式的院落格局，中轴对称，中轴线上依次为照壁、门道、前堂、后室，前堂和后室有廊连通，左右为厢房，并有檐廊环绕。它布局紧凑，空间关系明确，建筑之间比例和谐，尺度均衡，功能安排和交通组织也甚为合理，是中国已知最早和最为典型的四合院建筑的实例。

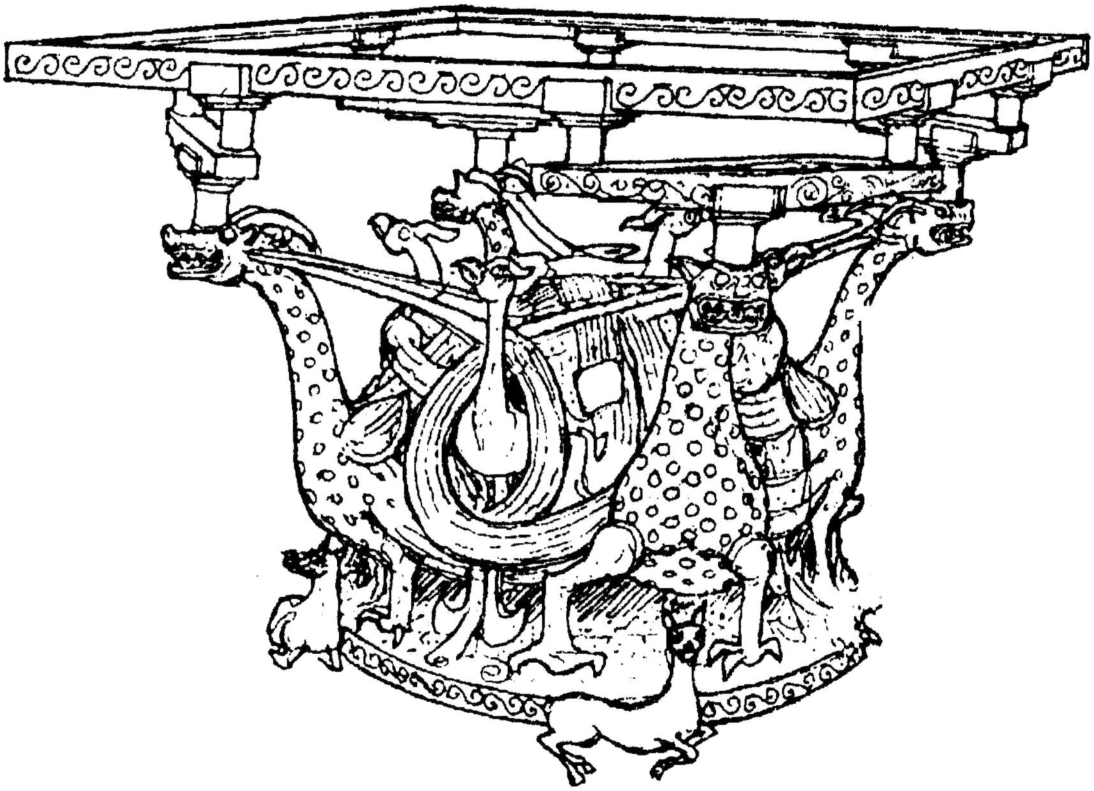

图 1-20
龙凤座铜案

龙凤座铜案出土于河北省平山县中山王陵中。西周时期，中国木构建筑中已经开始使用斗。中山龙凤座铜案有 45 度斜置的一斗二升斗拱，其中栌斗、小斗、令拱和斗下短柱等各种建筑构件的形象表现得非常细致与完善。

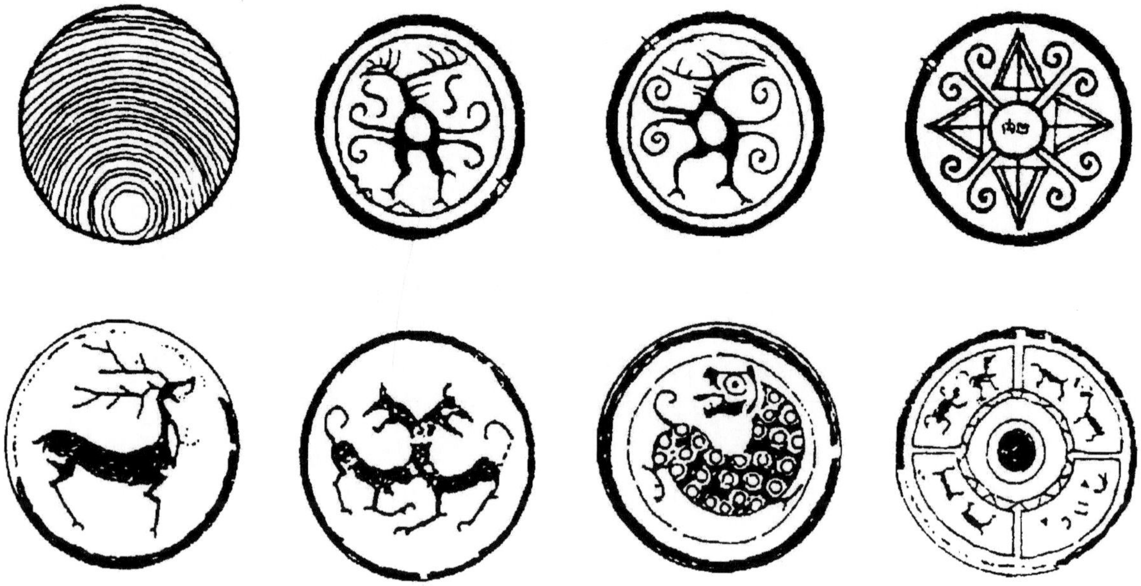

周代瓦当

周代瓦钉

图 1-21 周代的瓦饰

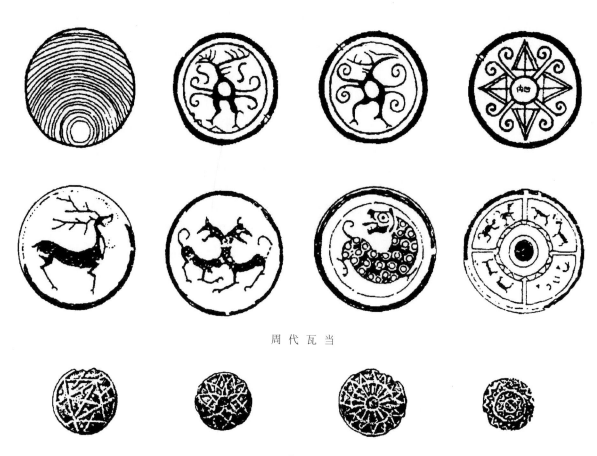

图中周代的瓦饰出土于陕西省宝鸡市扶风县。瓦饰是商周时代建筑装饰的重要物件，实物的瓦饰最早见于西周时期的凤雏宫室，当时多被用于建筑屋面的脊部和檐部。西周早中期的召陈宫殿遗址中出土了多种规格的板瓦和筒瓦，并出现了三种半圆形瓦当。战国后期，瓦屋面逐渐普及，瓦饰纹样和图案也日趋丰富。

二、形态与类型

（一）按聚落形态分类

就像人类居住方式总是以聚居为主，建筑呈现的方式也是以群落或群组为主，按聚落形态可分为城市、集镇、村落等。

平遥古城全景

城市

城市是人类社会高度发展的产物，是人类最庞大的建筑工程。在几千年的历史发展进程中，中国大地上相继兴建了多座城市，有一些至今保存完好，如西安古城、平遥古城（图 1–22 至图 1–28）、兴城古城、荆州古城、大理古城等。

集镇

平遥古城民居

除了城市，集镇也是中国古代重要的聚落形态，具有重要的商贸、文化功能和鲜明的地方特色，现存古镇是乡土中国十分珍贵的建筑遗产。与自给自足的村落不同，集镇因生产生活的多样性而汇聚了多种建筑类型，不但功能齐备，而且特色鲜明，其中既有依山而筑的山城，也有临水而建的水乡，形态也更为丰富而完整。

中国江南一带水道纵横，集镇布局多为自由式配置，依河傍水，自然伸展，如以太湖为中心的江南水乡周庄（图 1–29 至图 1–30）、同里、乌镇、朱家角、甪直等都非常有名。

周庄

村落

如繁星般散落在中国大地上的村落多是根据地理环境和生活习惯自发形成的，同时在很大程度上也受到宗法、宗教以及传统文化等方面的影响，人为因素在其形成过程中起了很大的作用，由此形成了各民族和各地区丰富多样的村落形式。

许多村落至今依然保存完好，典型的如依山就势的苗寨、风光旖旎的傣寨、气势恢宏的徽派建筑古村落、形制独特的客家土楼群和围屋群等，成为人们了解中国文化风俗和传统社会组织结构的活化石。（图 1–31 至图 1–36）

宏村建筑群

（二）按承载的功能分类

中国传统社会组织结构精密，社会生活形态多样，相应也派生了类型丰富、形式各异的建筑。以承载的功能来分，有宫殿、坛庙、陵寝、宗祠、寺观、衙署、书院、会馆、园林、民居等。这些不同类型的建筑因其特殊的功能呈现出各自的特征，同时也以其规模、形制、身份、性格等表现出不同的品格和风格，有着各自不同的建筑空间和建筑形象。

北京故宫

紫禁城的红墙黄瓦

北京故宫午门

宫殿

宫殿既是中国古代皇帝的居所，也是皇帝处理朝政的地方，同时还是国家权力和财富的象征，代表了一个国家、一个时代的最高技术水平和艺术成就。

中国古代宫殿布局上沿袭商周时代的前朝后寝制度，呈中轴对称分布，设置“三朝五门”，由多个独立而又统一的建筑群组成。这种宫殿规制不仅宏大开阔、威严壮观，而且是中国古代宗法社会等级秩序的象征和体现。无论是早期的秦代阿房宫、汉代未央宫，还是后来的盛唐大明宫、明清北京故宫（图 1-37 至图 1-47），莫不如此。

陵寝

人生苦短，生死无常，生死是人类艺术的一个永恒主题。中国古代的统治者视死如生，厚葬成风，帝王们在墓葬上靡费大量人力和资财建造规模庞大的墓冢和建筑群，以华贵的生活用品随葬，用以体现逝者显贵的身份、地位。尤其是在社会政治、经济和文化相对发达的朝代，墓葬的规模越来越大，墓葬规制也越来越严格，陵墓建筑也随之成为中国传统建筑艺术中极为重要的类型。在陵墓建筑中，最著名的是秦朝的秦始皇陵（图 1-48）和明代的十三陵。

秦始皇陵

坛庙

在中国古代，万物有灵的观念根深蒂固，自然界中大至天地日月、山川河海，小至五谷牛马、沟路仓灶，都有各自的神灵护佑。人是万物之灵，所以圣贤英雄、仁义之士死后被奉为神也是顺理成章的事情，如此便形成了中国庞大的神灵系统，坛庙建筑也相应地成为一个内涵与形式广泛而芜杂的类型。

坛庙一般是祭祀神灵的场所，但是，古代的祭祀活动被人为地赋予君权神授、尊王攘夷等巩固政权、维护宗法秩序和道德伦理所需的精神内容，不断被神圣化和制度化，承载这些神圣活动的坛庙建筑也逐渐脱离原始宗教而演变为彰显政治、教化民众的工具，并在中国传统建筑文化中占据了特殊的地位，如天坛、泰山岱庙、曲阜孔庙（图 1-49）等。

曲阜孔庙大城殿

民居

传统民居是中国古代建筑的重要组成部分，也是中国传统建筑中数量最多、分布最广的一种建筑形式。与西方民居建筑大都依托建筑师的设计不同，中国传统民居完全是先民们在生产实践中依据当地的气候、地形、可获得的建筑材料等，为满足自身生产、生活的需要，通过群体实践、相互学习交流而在一定的历史时期内形成的特定的居住模式，是集体智慧的结晶。

同时，民居在古代除了满足居住需求外，也是家族香火延续的依托，同时还具有梳理家庭组织内部关系的功能，是集中体现中国传统文化和礼制的建筑类型。

王家大院

中国现存民居建筑丰富而多样，各地区、各民族由于生活习惯、思想文化、建筑材料、构造方式、地理气候条件等诸多因素的差异，形成了千变万化的居住建筑，诸如北方的四合院、江南的天井院、西南的吊脚楼等，体现出一个地区或一个民族的特色和传统。（图 1-50 至图 1-57）

振成楼

园林

中国古典园林是世界艺术的奇观，是人类文明的重要遗产，是具有高度艺术成就和独特风格的园林艺术体系。中国古典园林不但造园思想丰富，而且造园手法巧妙，我们的祖先创造并遗留下来许多闻名于世的园林艺术杰作，在北方以北京的皇家园林为代表，在南方以苏州、扬州等地的私家园林为代表。（图 1-58 至图 1-60）

山西碛口李家山窑洞

1、崇尚自然

与西方园林追求人工美和几何美不同，中国古典园林崇尚自然，在造景中，山是对自然界中峰峦壑谷的模拟，水是对自然界中溪流、瀑布、湖泊的艺术概括，植物也反映着自然界中那种众芳竞秀、草木争荣、鸟啼花开的自然图景。

月色江声

2、探寻自然背后的规律

中国古典园林表面上是对自然的模仿和提炼，实质上是对潜藏在自然之中的规律的探寻，艺术家把自己对大自然的感受，通过石、水、建筑、植物等媒介，艺术地再现出来，这是一种对自然界高度提炼和艺术概括的再创造。因而，中国古典园林中的山水草木又与自然界不同，“一峰则太华千寻，一勺则江湖万里”，一湾溪水，可以予人涉足乡野田畴的印象，几丛峰石，可以引发人身临高山深壑的联想。

岳麓书院

3、艺术空间的创造

中国古典园林特别注重空间意境的营造，在造园时有开合、明暗、动静、大小等变化，运用对比、衬托、对景、借景等手法，组成一个有节奏、有变化而又统一的园林空间整体。

其他

除以上类型外，还有宗教类的寺观，包括喇嘛庙、清真寺，以及近代以来的教堂等，其中佛寺中的塔尤具中国特色，既有楼阁式塔，又有密檐式塔，以及金刚宝座塔、喇嘛塔等多种类型。（图 1-61）

与文化生活关系相对密切的类型则有书院（图 1-62）、会馆、祠堂等。此外，遍布各地的桥梁也是重要的建筑类型，有梁桥、拱桥、浮桥、索桥等，种类繁多，在人们生活中扮演着重要角色。（图 1-63 至图 1-64）

卢沟桥

图 1-22
平遥古城全景

平遥古城位于山西省晋中市平遥县，是中国现存最为完好的明清古城之一。平遥古城不但城池完整，城中街巷与建筑也保持着原貌，可视为中国汉民族中原地区古县城的典型代表。平遥古城的交通脉络由纵横交错的四大街、八小街、七十二巷构成，有城墙、民居、店铺、庙宇等建筑，是研究中国政治、经济、文化、军事、建筑、艺术等方面历史发展的活标本。

图 1-23 平遥古城县衙

平遥县衙坐落于平遥古城中心，始建于北魏，定型于元明清，保存下来最早的建筑建于元至正六年（1346 年），距今已有 600 多年的历史。平遥县衙是中国现存较完整的四大古衙之一，也是全国现存规模最大的县衙，整座衙署坐北朝南，呈轴对称布局，南北轴线长 200 余米，东西宽 100 余米。

县衙是中国古代与民众联系最紧密的政权机构，是古代基层政权的历史见证。平遥繁盛的商业文明孕育了其特有的官场文化，据考证，在清代晋商繁盛的百余年里，平遥没有出现过一任贪官。平遥县衙里随处可见的楹联匾额也以独特的方式诠释了当时官吏的道德操守及为官者的自勉，如楹联“吃百姓之饭，穿百姓之衣，莫道百姓可欺，自己也是百姓；得一官不荣，失一官不辱，勿说一官无用，地方全靠一官”。

图 1-24
平遥古城城墙

平遥城墙，为夯土城垣，始建于西周宣王时期（公元前 827—前 782 年）。明洪武三年（1370 年）重筑，由原"九里十八步"扩为"十二里八分四厘"（约 6.4 千米），变夯土城垣为砖石城墙。平遥城墙在明清两代先后经历 25 次维修，城墙平面呈方形，周长 6162.7 米，高 8—10 米，垛堞高 2 米，顶宽 3—6 米。

平遥城墙建有向外突出的附着墩台，因为墩台的形体修长，如同马的脸面，所以又称"马面"。马面既增强了墙体的牢固性，又可以消除防御的死角，使相邻马面之间形成交叉攻击网。平遥城墙每隔 60—100 米即有一个马面，马面上筑有瞭望敌情的楼橹，称"敌楼"。平遥古城共设垛口 3000 多个，敌楼 72 座。

图 1-25
平遥古城角楼

平遥古城的城墙四角上各建有一座角楼，主要用以弥补守城死角即城墙拐角处的防御薄弱环节，从而增强整座城墙的防御能力。四座角楼分别为西北角的霞叠楼、东北角的栖月楼、西南角的瑞霭楼、东南角的凝秀楼。

图 1-26 平遥古城民居

平遥古城民居以我国北方汉民族居住的四合院建筑形式为主，布局严谨，左右对称，尊卑有序。古城中的大家族则修建了二进、三进院落甚至更大的院群，院落之间多用装饰华丽的垂花门分隔。平遥古城民居院内大多装饰精美，进门通常建有砖雕照壁，檐下梁枋木雕精细，柱础、门柱、石鼓多用石雕装饰。马家大院是平遥古城的第一大宅，是“平遥四大家族”之首、清代巨商马中选的故居。马家大院总体布局像一个大大的“马”字，寓含“马到成功，一日千里”之意。

图 1-27
日升昌票号

著名的中国第一家票号日升昌位于平遥古城西大街。日升昌票号是中国第一家专营存款、放款、汇兑业务的私人金融机构，以“汇通天下”著称于世，是中国近代金融业诞生的标志。鼎盛时期，平遥古城西大街就有票号 22 家，控制着全国 50% 以上的金融机构，有“大清金融第一街”之誉，被称为中国的“华尔街”。

图 1-28
平遥古城的过街楼

图1-29 周庄

周庄位于江苏省苏州昆山市，是江南六大水乡之一。周庄位于河道交叉处，交织的河道将小镇分成若干块，每块内商业区与居住区混杂，并未分区。街道以小桥相连，连成网络。在纵横交织的河道交汇处，或开朗，或紧凑，形成丰富的景观节点。民居依水而筑，栉比鳞次，家家临水，户户通舟。

图 1-30 周庄双桥

双桥指世德桥和永安桥，位于周庄的中心位置，两桥相连，桥面一横一竖，桥洞一方一圆，样子很像古时候人们使用的钥匙，所以当地人称之为“钥匙桥”。世德桥为石拱桥，横跨南北市河，永安桥平架在银子浜口，桥洞仅能容小船通过。

图 1-31
宏村建筑群与南湖

徽派的古村落多依水而建，总体呈现出背山面水、山环水绕之势。民居在色泽、体量、架构、空间上都与自然环境保持一致的格调，建筑与环境相互渗透。

图 1-32 宏村建筑群

宏村古称弘村，位于安徽省黄山市黟县，是明清时期徽派古建筑的代表。宏村有“画里乡村”的美称，全镇完好地保存了明清民居 140 余幢。

图 1-33
宏村月沼湖

月沼湖位于宏村村落中央，状如半月，俗称“月塘”，建于1403—1424年。月沼湖常年碧绿，塘面水平如镜，塘沼四周青石铺展，粉墙青瓦整齐有序地分列四旁，蓝天白云映入水中，老人在聊天，妇女在浣纱洗帕，顽童在嬉戏，动静相宜，明丽欢快。

图 1-34 宏村南湖书院

古代徽州府是程朱理学的发祥地之一，明末，宏村人在南湖北畔修建了六所私塾，又称“依湖六院”。在清嘉庆十九年（1814 年），六院合并，取名为“以文家塾”，又称“南湖书院”。南湖书院是座具有传统徽派风格的古书院，一湖碧水位于书院前，连栋楼舍接着书院，书院黛瓦粉墙，与碧水蓝天交相辉映。

图 1-35
西江千户苗寨

西江千户苗寨位于贵州省雷山县，由 10 余个依山而建的自然村寨组成，是目前中国乃至全世界最大的苗族聚居村寨，完整地保存了苗族原始生态文化。西江千户苗寨吊脚楼源于上古时期的干栏式建筑，分布在山坡上，与周围的青山绿水和田园风光融为一体，和谐统一，相得益彰，在建筑学方面具有很高的美学价值。

图 1-36
西江千户苗寨吊脚楼

图 1-37 北京故宫

北京故宫是中国封建社会最后两个王朝——明、清两代的皇家宫殿，旧称紫禁城，是在总结了洪武时期吴王新宫、凤阳中都新宫和南京宫殿三次建宫经验的基础上建成的，在使用功能、空间艺术、防火、排水、取暖等方面都取得了很高的成就，是中国古代宫廷建筑的精华。故宫走过了漫长的历史岁月，至 1911 年，明清两代共有 24 位皇帝先后居住在这里。具有独特魅力和皇家气派的故宫，不仅集中体现了中国几千年来宫殿建筑的空间布局、建筑造型和装饰艺术，而且承载着中华民族几千年古老文化的丰厚积淀，留给人们深深的思考和无尽的遐想。

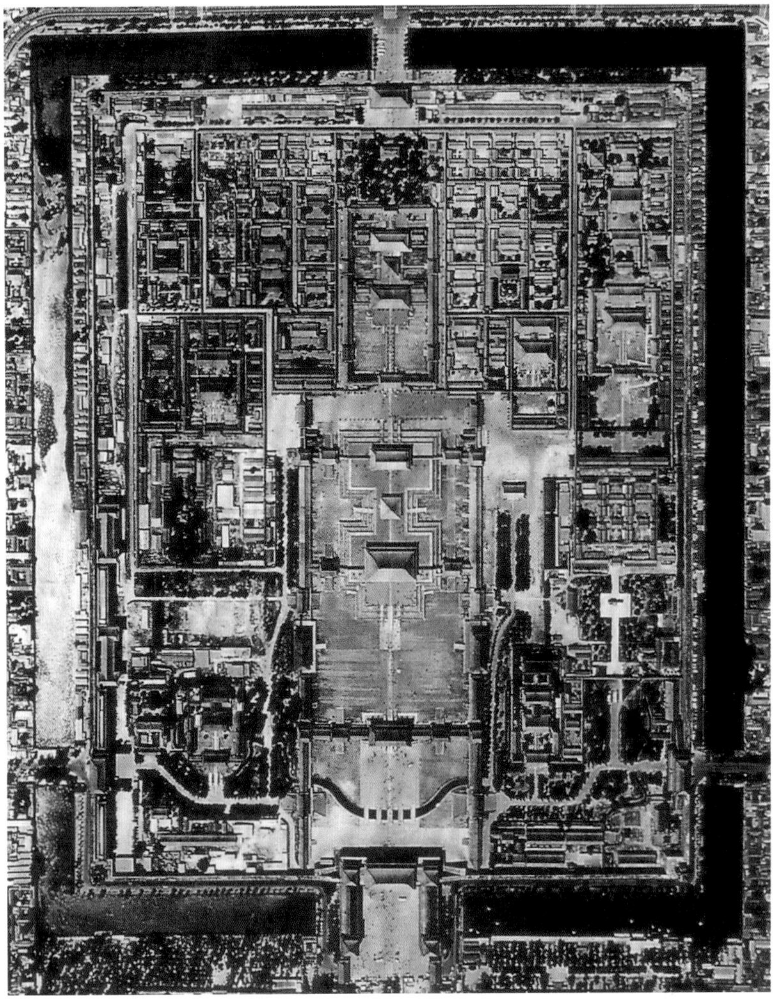

图 1-38
故宫鸟瞰图

紫禁城是明清北京城的中心，向南至永定门 4600 米，向北至钟楼北侧城墙 3000 米，构成了北京城长达近 8 千米的南北中轴线。各宫殿、庙坛、衙署等依次分布，组成了极富特色的空间序列。根据皇帝朝政活动和日常起居的需要，紫禁城分为南、北两部分，以保和殿至乾清宫之间的横向开阔地带分隔内外，形成了外朝内廷的布局。

紫禁城占地面积 72 万平方米，建筑面积约 15 万平方米，是世界上现存规模最大、保存最完整的木构古建筑之一。有大小宫殿 70 多座，房屋 9000 余间。紫禁城是依礼制设计出来的宫殿建筑，各种建筑的体量、规模、形制都十分规范和严谨，其中天子居住的宫殿多、大、高，以显示其尊贵，与少、小、矮的其他不同建筑形成了鲜明的等级差别，体现了王权的神圣。

图 1-39 紫禁城的红墙黄瓦

紫禁城的建设也体现了中国传统的阴阳五行学说，其中的建筑色彩以红、黄色为主，黄色为帝王专用色彩，火为土之母，色红，紫禁城中大面积的红墙黄瓦也预示着事业旺盛，经久不衰。而且，紫禁城的主体建筑分布也体现了阴阳五行的运用，位居紫禁城中心的三大殿的台基即为“土”字形，寓意为王者居中，统摄天下。其他东、南、西、北面的建筑也与五行相对应。

图1-40 紫禁城三大殿

紫禁城的南部为外朝，以三大殿（太和殿、中和殿、保和殿）为中心，建筑多雄伟宏大，是皇帝举行重大典礼和处理政务的地方。

三大殿与四角崇楼、左体仁阁、右弘义阁、前后九座宫门以及周围廊庑共同构成占地80 000平方米的紫禁城内最大的庭院。三大殿自建成后，先后在1421年、1557年、1597年3次遭遇火灾，焚毁殆尽，每次焚毁之后又经历数年的重建，最后一次甚至到1627年才最终建成，历时30年。

紫禁城三大殿位于中央，中央在中国五行学说中属土。依据五行木克土之说，院中无一棵树，庭院显得宽广开阔。位于庭院中央的三层汉白玉石台基，平面也似“土”字形，三大殿位于其上，以示王者必居其中。

图 1-41 太和殿

太和殿又称金銮殿，是紫禁城内最大的建筑，也是中国现存木构大殿中最大的一座。大殿体量宏伟，造型端庄，象征皇权的稳固。三层台基之上的太和殿是明、清两代帝王举行登基大典及其他重要典礼的地方。殿内的金銮宝座，是帝王权力的象征，代表了统治者的至高无上。大殿的细部如斗拱、脊饰、彩画、石雕等相应地采用了最高等级的做法，殿前月台上陈设了象征皇帝身份的铜龟、铜鹤、日晷和嘉量。

图 1-42 太和殿前御路石雕

太和殿前御路石雕长 16.57 米，宽 3.07 米，厚 1.7 米，重达 200 多吨，是皇帝出入大殿时用轿子抬着经过的专用道路。因为是皇帝专用，一般富绅大户、公侯将相，即使富甲八方、位高权重，也不能私设此通道，因此称为“御路”，或称“御道”。御路由三块大石料拼接而成，以云纹凸起的曲线为接合线，接合技术十分巧妙，如果不仔细观察，很难发现接合处。石雕中央是飞云簇拥的九条龙，下端为五座浮山，寓意为九五之尊。

图1-43 乾清宫

皇帝及其妃嫔居住的内廷是紫禁城的另一重要组成部分，以乾清门广场为分界线，与外朝分隔开来。明代建成的乾清宫、坤宁宫是内廷的主体建筑，是专供皇帝和皇后居住的宫殿。

图 1-44
乾清宫内景

乾清宫的建筑规模为内廷之首，明朝共有 14 位皇帝在此居住过。据记载，明代乾清宫有暖阁 9 间，分上、下两层，共置床 27 张，皇帝可以随意入寝。由于室多床多，皇帝每晚就寝之处很少有人知道，以防不测。

图 1-45
北京故宫午门

紫禁城的布局还具有防御功能，城墙高 10 多米，外有 50 多米宽的护城河环绕，城垣四隅建有角楼，做瞭望、警戒之用。建筑在墩台之上的 4 座门楼高耸威严，尤以午门最为壮观。午门是紫禁城的正门，明清时期，这里是班师回朝、举行献俘典礼和廷杖朝臣的地方。午门俗称五凤楼，平面呈“凹”字形，形似宫阙，高大的城台正中建重檐庑殿顶大殿，“凹”字左右转角及前伸尽头各建一座重檐方亭，亭、殿之间有廊庑相连，轮廓错落，巍峨雄壮。其三面围合的内聚空间、红墙黄顶的强烈色彩对比以及异乎寻常的体量，给人一种森严肃杀的威慑感。

图 1-46 紫禁城角楼及护城河

故宫的四个城角上都有一座九梁十八柱七十二条脊的角楼。角楼是紫禁城城池的一部分，它与城垣、城门楼及护城河同属于皇宫的防卫设施。

图1-47 堆秀山

受封建礼法的制约，明清时期，后宫妃嫔不能随意出入紫禁城，因此，紫禁城中的花园便成为妃嫔及宫人休憩游玩的场所。至今保留的花园有御花园、慈宁宫花园和宁寿宫花园。这些花园叠石成山，凿石蓄水，花木成荫，不失园林的意趣和意境。

堆秀山位于故宫御花园中东北部，背靠着高大的宫殿，腾空而立，十分精巧秀雅。堆秀山由各种奇形怪状的石头堆砌而成，并由此得名，山上的有些石块酷似鸡、狗、猪、猴等中国传统文化中“十二生肖”的形状，或卧或站，姿态各异，增添了观赏的趣味。

图 1-48
秦始皇陵

秦始皇陵位于陕西省西安市临潼区，是中国历史上第一位皇帝嬴政的陵墓。秦始皇陵工程之浩大、用工人数之多，持续时间之久，都是前所未有的。公元前 247 年，嬴政登上王位后就开始了陵园的营造，陵园直至秦始皇临死之际都未竣工，在秦朝第二任皇帝继位后又修建了一年多才基本完工，前后历时 39 年之久。作为世界上规模最大、结构最奇特、内涵最丰富的帝王陵墓之一，秦始皇陵仍有许多未解之谜，需要进一步深入探究。

秦始皇陵南枕骊山，北望渭河，陵园呈南北长东西窄的矩形，陵墓主轴线为东西向。周围绕有两重城垣，外垣以外另有王室陪葬墓、兵马俑坑、铜车马坑、珍禽异兽坑、跽坐俑坑，以及窑址、建材加工与储放场、刑徒墓地等。

图 1-49 曲阜孔庙大城殿

曲阜孔庙是祭祀中国古代著名思想家和教育家孔子的祠庙。孔庙在设计上采用了中国传统的院落组合手法，沿南北中轴线展开布置，左右对称，布局严谨。孔庙是因宅立庙，是后人为纪念孔子而在其故宅上建造的，前后经过数十次改建、扩建，现存的基本布局是明代弘治年间（1488—1505）完成的，清代进行了局部修改。

图 1-50 王家大院

王家大院位于山西省灵石县静升镇，由静升王氏家族经明清两朝历300余年修建而成，被誉为明清民居建筑艺术博物馆。大院建筑群包括五巷六堡一条街，布局规整而富有秩序感，体现了官宦门第的威严和宗法礼制的规整，具有浓郁的晋中地域风格。

图 1-51
王家大院内部建筑

王家大院的建筑格局，继承了中国西周时形成的前堂后寝的庭院风格，既提供了对外交往的足够空间，又满足了内在私密氛围的要求，做到了尊卑贵贱有等，上下长幼有序，内外男女有别，整个院落起居功能一应俱全。

图 1-52 王家大院的雕刻

王家大院的建筑，有着“贵精而不贵丽，贵新奇大雅而不贵纤巧烂漫”的特点，且凝结着自然质朴、清新典雅、明丽简洁的乡土气息。王家大院的雕刻精美绝伦，其砖雕、木雕、石雕题材丰富、技法娴熟，采用了大量世俗观念认可的象征、隐喻、谐音的艺术语言，将花鸟鱼虫、山石水舟、典故传说、戏曲人物或雕于砖，或刻于石，或镂于木，将儒、道、佛思想与传统民俗文化融为一体，体现了清代建筑装饰的风格。

王家大院的建筑装饰是清代“纤细繁密”一类装饰的集大成者，结构附件装饰均绚丽精致、雍容典雅。如穿廊上的斗拱、额枋、雀替等处的木刻，柱础石、墙基石等石刻装饰以及各院落内的楹联匾额，形式多样，做工极佳，集中体现了中国古代北方地区民居的建筑特点。

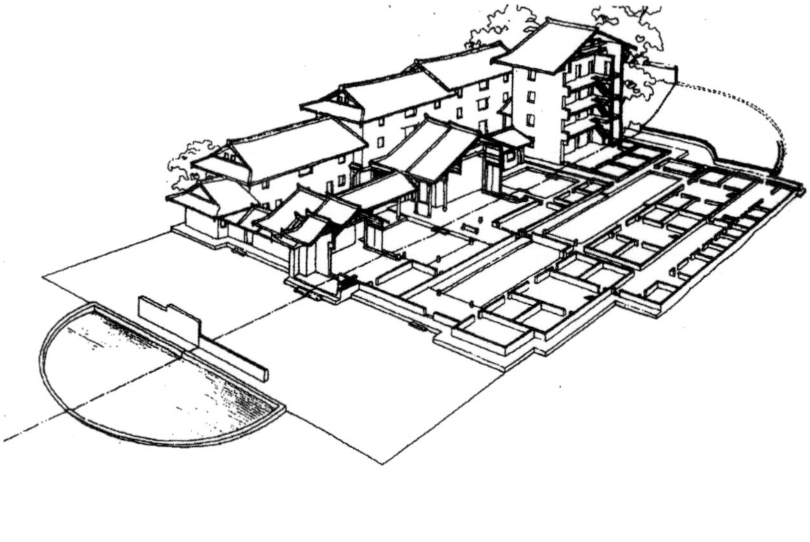

图1-53 福裕楼

客家是因战乱而逐步南迁的汉族人，客家土楼的建筑初衷有防御的目的，因而客家土楼是具有很强防御性的一种聚居建筑形式。至今，在闽、粤、赣三省交界处居住的客家人依然保持着聚族而居的居住方式，但民居形式已不限于土楼，形成了多种样式。

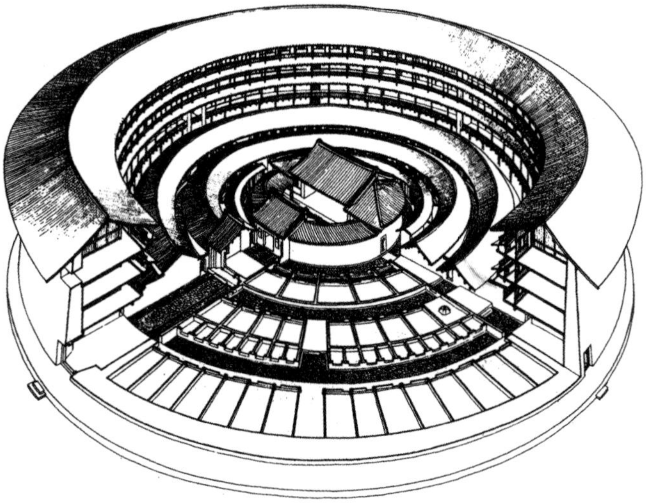

图1-54

振成楼

姚洪峰提供

客家土楼虽然有多种样式，但其中还是圆形土楼最独特、最具魅力。土楼以生土为主要材料，掺入石灰、细砂、糯米饭、红糖、竹片、木条等，经反复揉、舂压、夯筑而成。土楼内每个居住单元从底层到第四层，分别用作厨房、谷仓、居所、杂物存放处。顶层有环绕的通道，用来防卫和运输。振成楼坐落在福建省龙岩市永定县湖坑镇洪坑村，又称“八卦楼”，建造于1912年，是福建客家土楼中的“土楼王子”。

图 1-55
云南西双版纳傣族竹楼

傣族竹楼是一种干栏式建筑，主要用竹子建造，因而称为“竹楼”。竹楼屋顶用茅草铺盖，梁柱、门窗、楼板全部用竹制成，建筑手法极为便易。由于傣族民居的体量较大，而且民居之间的距离也比较大，所以傣族村落占地面积一般都比较大。

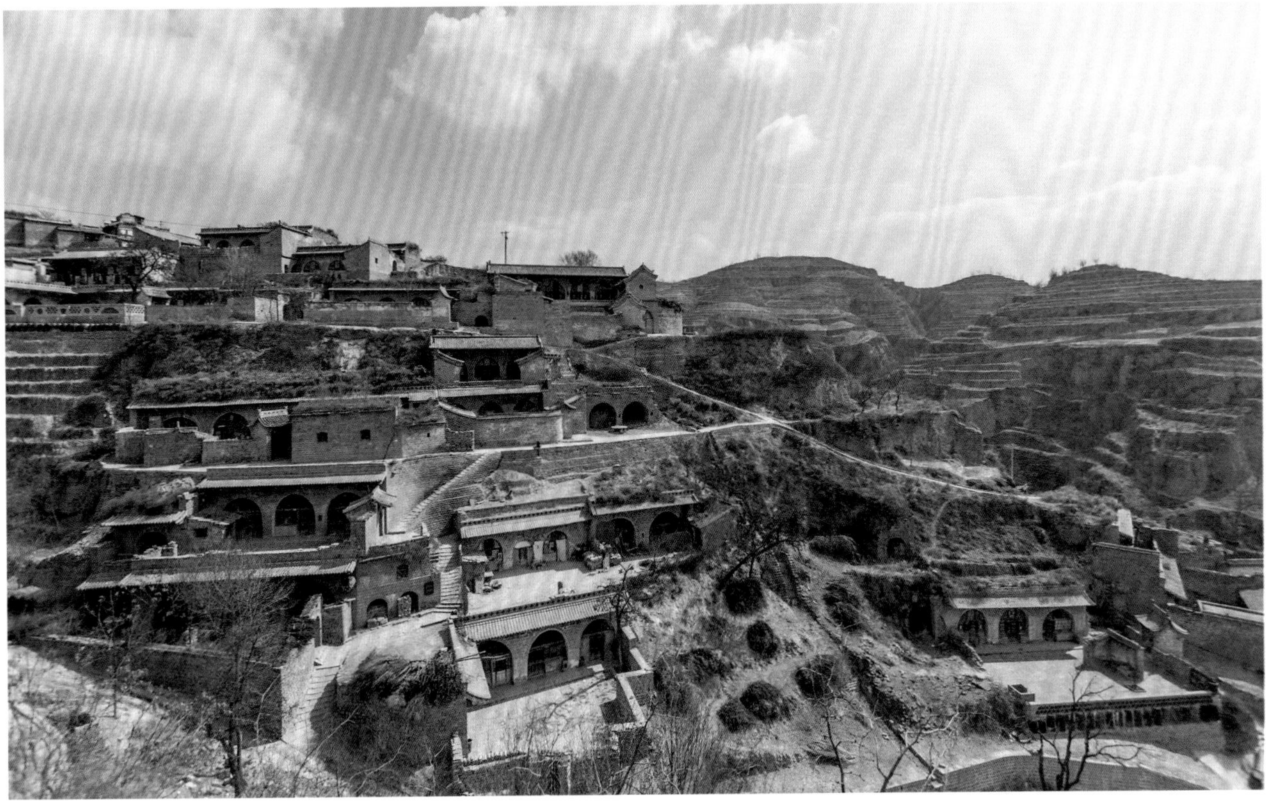

图 1-56
山西碛口李家山窑洞

在甘肃、山西、陕西、河南等广大地区，在平均海拔 1000 米以上，面积广达 50 万平方千米的黄土高原上，当地居民依地建屋，开挖窑洞，形成了中国独特的窑洞民居。黄土高原雨水稀少，树木稀疏，而窑洞节省木材，不需要梁架等大型木构材料，非常适宜当地的气候和建造条件。门窗是窑洞最有特色的部分，用料最集中，装修也最讲究，特别是山西平遥、陕西延安等地的窑洞，门窗大开，门窗棂格的图案制作精美。

图 1-57
四川甘孜丹巴藏族碉楼

碉楼主要分布在青藏高原一带。由于高原干燥而多风的气候和特殊的地理环境，碉楼的建筑外形很像碉堡，用于保暖御寒、抵御风沙。碉楼多就地取材，采用分层的办法修筑，外墙为厚实的收分石墙，内部为密梁木楼层。

图 1-58
月色江声
王立平提供

古代皇家园林多与离宫相结合，规模宏大，占地可达数千亩。皇家园林的布局基本上是在自然山水的基础上加以整理改造，结合房屋、花木构成园景。建筑物形体比较高大，色彩华丽，林木掩映，花卉繁多。避暑山庄位于河北省承德市，是现存规模最大的皇家园林。避暑山庄分宫殿区、湖泊区、平原区、山峦区四大部分。

"月色江声"是承德避暑山庄康熙三十六景之一，建于1703年。临湖三间门殿，康熙皇帝题"月色江声"额，寓意来自苏轼的前、后《赤壁赋》。岛上建筑布局采取北方四合院手法，殿宇之间有游廊相连。月色江声最有特色的是门殿外的支柱，看上去似乎歪斜欲倒，实际上却坚牢稳固，这是山庄建筑三绝之一，据说这样的设计乃康熙授意，寓意为"上梁不正下梁歪"，用以警诫臣工。

图 1-59
扬州个园

私家园林一般建造在城市中，与住宅紧密相连，占地不大，最大的也不过数十亩，园景处理以小空间内的近距离观赏为主。个园位于江苏省扬州市，是扬州私家园林的代表。个园旨趣新颖，结构严密，以叠石艺术著称，融造园法则与山水画理于一体，表达了“春山淡冶而如笑，夏山苍翠而如滴，秋山明净而如妆，冬景惨淡而如睡”的诗情画意。

图 1-60
扬州个园夏山

个园的夏山叠石以青灰色太湖石为主，造园者利用太湖石的凹凸不平和瘦、透、漏、皱的特性，营造出云翻雾卷之态。叠石多而不乱，远观舒卷流畅，如巧云、如奇峰；近视则玲珑剔透，似峰峦、似洞穴。洞室中可以穿行，拾级登山，经过数次折转才能到达山顶。山顶建有一亭，傍依在一棵老松树旁。山上有磴道，东接长楼，与黄石山相连。

图 1-61
大雁塔

大雁塔位于陕西省西安市，初建于 652 年，原为安置玄奘由印度带回来的经像而建造。玄奘当年在这里主持寺务，此塔亦由玄奘亲自督造。现存的大雁塔为 7 层，为方形楼阁式砖塔，逐层向内收分，造型简洁，气势雄伟。塔身用青砖砌成，四面都有券砌拱门，内有塔室，可供人盘旋而上，凭栏远眺。唐代学子考取进士后，都要登上大雁塔赋诗并留名于雁塔之下，号称“雁塔题名”。

图 1-62
岳麓书院

岳麓书院位于湖南省长沙市岳麓山东麓，是中国古代四大书院之一。书院是中国古代官学之外由社会集资创建的教育场所，主要功能是讲学、藏书以及供祀先贤。书院采取面向社会，开门办学的方针，对学生的地域、身份、学额、年龄较少限制，相比官学更为灵活，又比私学更为规范。在漫长的发展历程中，书院聚集了大量人才，成为文人学者研习古籍、进行学术交流的重要基地。

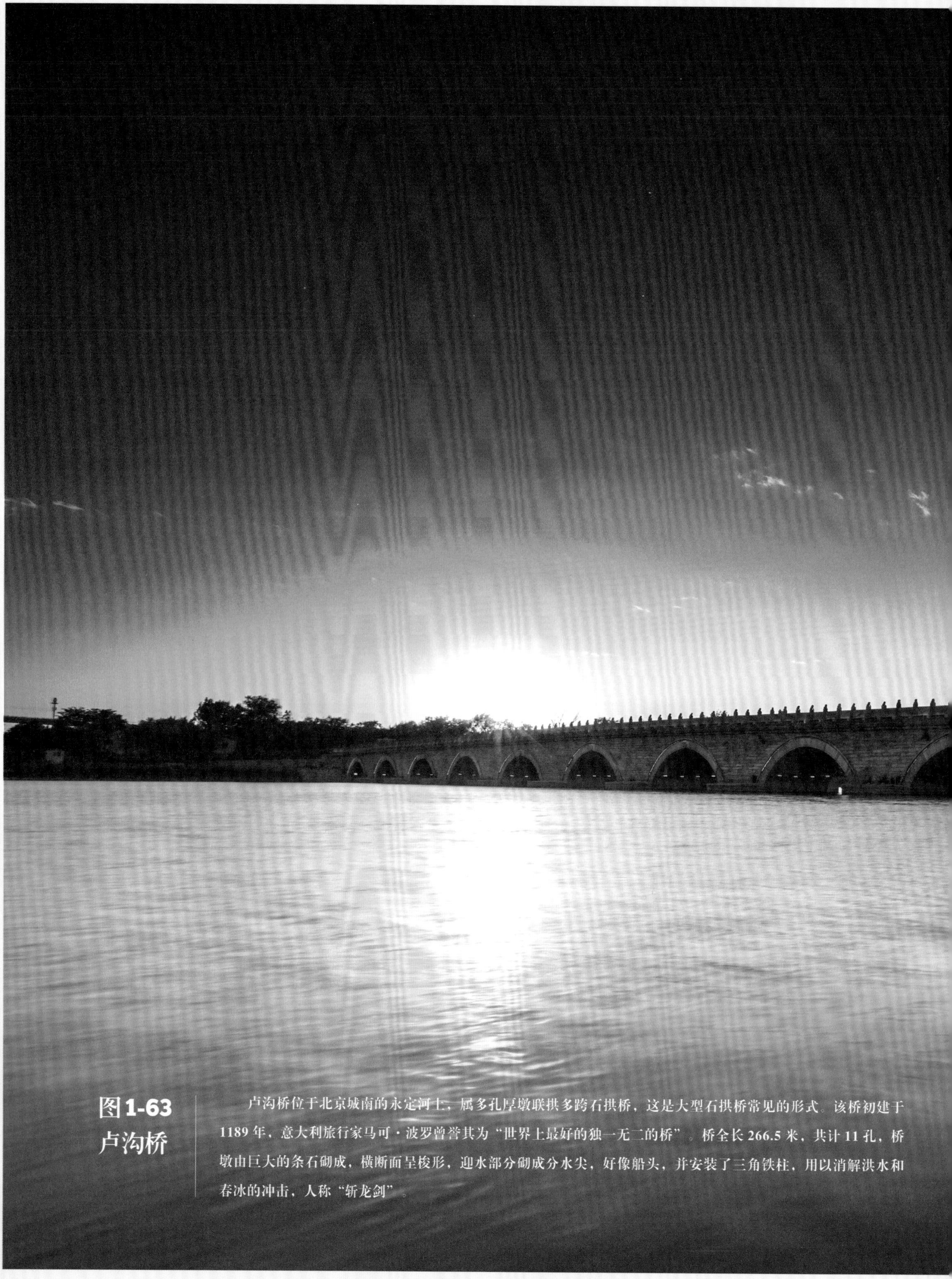

图 1-63 卢沟桥

卢沟桥位于北京城南的永定河上，属多孔厚墩联拱多跨石拱桥，这是大型石拱桥常见的形式。该桥初建于1189年，意大利旅行家马可·波罗曾誉其为“世界上最好的独一无二的桥”。桥全长266.5米，共计11孔，桥墩由巨大的条石砌成，横断面呈梭形，迎水部分砌成分水尖，好像船头，并安装了三角铁柱，用以消解洪水和春冰的冲击，人称“斩龙剑”。

图1-64 卢沟桥石狮

卢沟桥两侧石雕护栏共有281根望柱，柱头上均雕有石狮，据记载，原有627个，现存501个。卢沟桥上的石狮子姿态各不相同。狮子有雌雄、大小之分，有的大狮子身上又雕刻了许多小狮子，最小的只有几厘米长，有的只露半个头、一张嘴。因此，长期以来有“卢沟桥的狮子数不清”的说法。

三、构成与特征

（一）中国古代建筑的独特结构——木结构

中华文明发源于黄河与长江两大河流域的中下游地区，这些区域地处亚洲东部，气候温润，水源充沛，林木丰盛，木材易于采伐和搬运，又利于一定跨度居住空间和屋顶构架的搭建，所以中国古代建筑选择了木结构建筑体系，并一直延续到近代。木结构建筑之所以在中国古代得到广泛应用，并经几千年发展而未被其他材料和结构方式所取代，自然有其特殊的优势和价值，这些优势和价值不但使木结构建筑成为中国传统建筑理所当然的最佳形式，而且使其天然的缺陷被完全掩盖或忽略不计。这些优势和价值可以归纳为适应性与稳定性、系统性与灵活性等。

根据建筑的构造特点，中国木结构建筑可细分为几大类，即抬梁式、穿斗式、混合式、井干式，以前两种最为普遍。

抬梁式结构

抬梁式结构是中国古代建筑通常采用的一种木构架结构体系，其特点是沿着房屋进深的方向在石础上立柱，柱上架梁，再在梁上重叠数层矮柱和短梁，构成一榀木构架。在平行的两榀木构架之间用横向的枋联系柱的上端，并在各层梁头和短柱上安置若干与构架成直角的檩，起联系构架和承载屋面重量的作用。这样由两组木构架形成的空间称为“间”，一座房屋通常为两三间乃至若干间，各面沿面阔方向排列成长方形平面，也可以组成三角形、正方形、多边形、圆形、扇形、“万”字形等特殊平面。（图 1–65 至图 1–66）

由于抬梁式结构类似框架，建筑物上部的重量均由梁架、立柱传递至基础，墙壁只起围护和分隔空间的作用，不承受重量，这就赋予了建筑极大的灵活性，既可以建成门窗大小不同的房屋，又可以建成四面通风、有顶无墙的亭榭。抬梁式结构适合于体量较大、内部空间相对较为宽敞且流通、分隔灵活的建筑，例如宫殿、庙宇等大型建筑。此外，由于这种屋架构件断面较大，能承受用来保温防寒的厚重屋顶，因而在北方汉民族地区被广泛采用。（图 1–67）

大政殿

国子监辟雍

穿斗式结构

穿斗式结构的特点是沿房屋的进深方向立一排柱，柱上直接架檩，檩上布椽，屋面荷载直接由檩传至柱，不用梁。每排柱子靠穿过柱身的数层穿枋横向贯穿起来，组成一榀构架。为了方便室内空间的使用，减少室内的柱子数量，穿斗式结构发展至后期出现了其他变体，如将穿斗架由原来的每根柱落地改为每隔一根落地，将不落地的瓜柱落在穿枋上。

真武阁

中国南方广大地区的建筑普遍采用穿斗式结构，西南山区少数民族木构建筑更是以穿斗式结构为主。这是因为中国南方气候温润，没有保暖隔热方面的需要，不必采用厚厚的屋顶和围护结构，因此梁柱也无须粗大，尤其适于采用穿斗式结构这一形式。穿斗式结构不用抬梁，省去了用料较大的木材，更适合民间自给自足的经济模式。（图 1-68 至图 1-69）

混合式结构

混合式结构是抬梁式与穿斗式的结合。在实际建造过程中，人们会根据不同地区、不同类型、不同功能和需求对各种结构类型进行选择、组合。最常见的做法如建筑边跨的梁架采用穿斗式，以加强支撑结构的稳定性，减少用材量；边跨内的梁架用抬梁式，以加大室内柱间跨度，增加室内使用空间的灵活性。这种做法在南方较大型的建筑如寺观、祠堂中尤其普遍。

井干式结构

井干式结构是一种起源较早、应用范围较广的结构形式，流行于中国东北及西南等盛产木材的地区。井干式结构的特点是将支撑、承重、围护结构融于一体，虽使用木材较多，但建筑手法简便易行，尤其适用于谷仓、桥梁、墓葬棺椁等，现在中国的东北林区、川西彝族地区、新疆俄罗斯族居住地仍有使用这种结构的建筑。

（二）中国传统建筑的外部造型组成

中国传统建筑从外部造型来看，基本由台基、屋身与屋顶三大部分组成，宋代工匠称之为上、中、下“三分”，清代匠作称之为“三停”。这种三分式的立面构成，显然与实际的使用功能紧密关联。

台基

台基最原始的功能是防水防潮、稳固房基。建筑是百年大计，中国传统建筑以木构架为结构主体，为了保证建筑常年稳固，不受雨雪和地下潮气的侵蚀，必须对建筑的基础进行保护。此外，早期古人席地而坐，也需要建筑的地坪抬升至自然地面以上，以利于通风避湿。

太和殿须弥座台基

在建筑逐步发展的过程中，台基也具备了相应的审美功能，起到了烘托结构主体、平衡比例、调节尺度的作用，成为建筑整体造型不可分割的组成部分，同时也使庞大的屋顶产生的压抑感和沉重感得到平衡，并使整个建筑显得庄重雄伟。如北京故宫太和殿与天坛祈年殿均采用了三层须弥座台基，前者显示了皇宫的尊贵，后者表现了祀天祈谷建筑高耸的特性以及与天相通的气度。

须弥座规制

除审美功能外，台基还有标志等级的社会文化功能。古代称台基为堂，“天子之堂九尺，诸侯七尺，大夫五尺，士三尺”。除了高低之外，台阶的用材、形制，包括层数、类型、出陛数量、踏跺级数，以及栏板装饰雕刻等都成为表现建筑等级的辅助手段，如等级高的重要建筑采用须弥座台基，或采用多层台基重叠。（图 1–70 至图 1–72）

大木

在中国古代建筑中，台基之上为屋身，屋身主要由柱、梁、斗拱等构件组成，柱、梁、斗拱等屋身构件被统称为“大木”。在使用大木时，人们会根据构件的结构位置和尺寸比例进行美化，以表现木构建筑自身的结构美和材质的自然美。

1. 柱子

柱子有方、圆、多边形等形式，其中圆柱是最通用的形式。因截面不同，柱子有不同的名称，如方柱、梅花柱、瓜棱柱等；依据外形，又有直柱、梭柱的区别。因地域差异，民间对柱子的分类和称谓又各有不同。（图 1–73 至图 1–74）

唐宋时期的柱子造型呈梭状，轮廓线饱满流畅，避免了僵直呆板的感觉，增加了柱子的弹性和力量感。南方地区大规模使用石柱，柱身上往往镂刻各种花纹，实例如山西晋祠圣母殿盘龙柱等。（图1-75）

2. 梁

梁是大木中的主要构件之一。木构梁不仅担负着结构使命，又具有独特的装饰效果。（图1-76至图1-77）

3. 斗拱

在中国古代建筑中，屋身与屋顶交接部分设置有一种被称为斗拱的木构件，这是中国古典建筑的一个显著特征。斗拱主要起支撑巨大的屋顶出檐和减少室内大梁跨度的作用。中国古典建筑的斗拱构造精巧，造型复杂多变，具有很好的装饰效果。

斗拱在中国古代多用于等级较高的建筑，因此，宋代以斗拱的拱高——“材”，清代以栌斗的“斗口”作为设计建筑的标准“模数”单位，依“材”或“斗口”的大小决定建筑的等级规模。（图1-78至图1-80）

总之，充分利用结构构件，并加以适当的艺术处理来表现其装饰效果，是古代大木构架的一大特色。

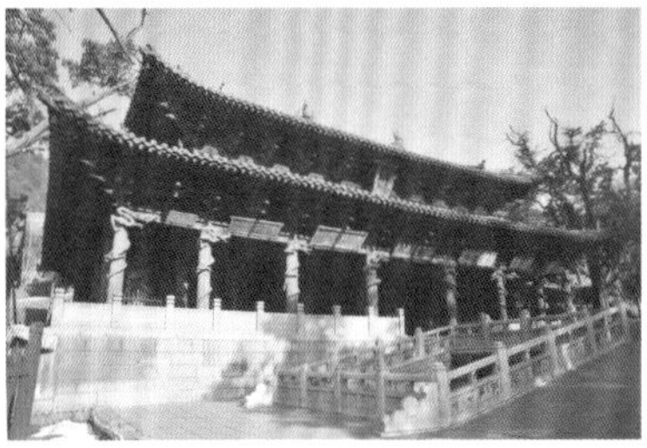
山西晋祠圣母殿盘龙柱

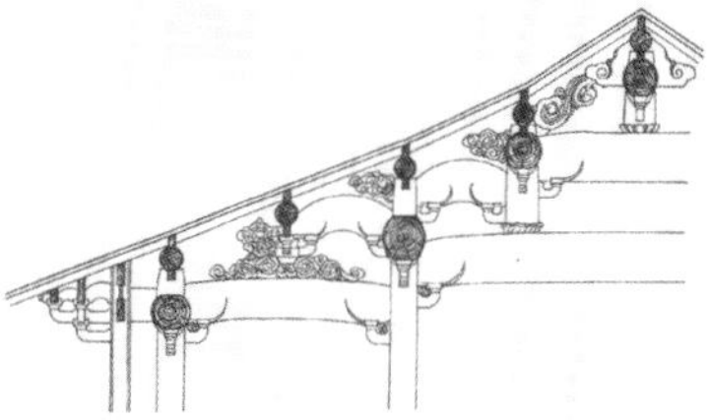
传统民居中的冬瓜梁

北京故宫太和殿清代斗拱

屋顶

屋顶是中国古典建筑造型最具特色的部分，在中国古典建筑外观组成中，屋顶部分所占的分量最大，整体变化也最为丰富，它不仅在外形上增加了古典建筑的神韵，而且对建筑物的性格起到了决定性的作用。屋顶的形式多种多样，主要有庑殿顶、歇山顶、攒尖顶、悬山顶和硬山顶五种（图1-81），还可以通过巧妙的组合形成各种灵活变通的组合造型（图1-82）。

在中国古代，屋顶所代表的等级序列非常明确，在宫殿、坛庙、陵墓、园林等建筑群的总体布局中，屋顶的体量和形式体现了建筑与建筑之间最直接的呼应与联系。屋顶的变化反映了严格的等级秩序，例如皇家建筑用庑殿顶，王公贵族的相关建筑最多用歇山顶，园林、民居和商业住宅等一般性建筑则多用悬山顶和硬山顶。

从造型特点上不难看出，中国古典建筑的屋顶是独具风韵的，它那弯曲的屋面、向外和向上探伸起翘的屋角，使庞大高耸的屋顶显得格外生动轻巧。这种屋顶在靠近屋脊处高耸陡峻，靠近屋檐处低平缓和，可以把落在屋面上的雨水急速地抛到远处，从而避免木柱受雨淋而糟朽，同时又可以减少屋檐对室内采光的影响。除了屋面是凹曲面外，中国古典建筑的屋檐、屋角和有些建筑的正脊等也是弯曲的，它们彼此呼应，有机地构成了中国古典建筑别具一格的屋顶造型。（图 1-83 至图 1-86）

故宫角楼

大乘之阁

恭王府垂花门

徽派民居及其天井

院落

受材料、构造、防火、基础处理等多种技术条件的限制，单栋木结构建筑不宜建得过于高大，所以中国古代建筑一般采用由若干栋单体建筑组成院落建筑组群的方式来满足使用要求。院落是中国传统建筑群体构成的核心，可称为细胞核，由这个细胞核和包裹它的单体建筑及其附属构筑物所构成的院落单元可以像细胞一样复制和衍生，组合成规模不同、等级不同、风格不同的建筑群落，其复合性和灵活性的特点使其完全适应中国各个地区的自然气候条件，极大地满足了农耕社会宗法制度及社会习俗等方面的要求。这些院落根据实际需要可以串联、并联，也可以串并结合，形式上可以规范严谨，也可以不拘一格，不仅满足普通住宅的一般需要，也能适应宫殿、庙宇、衙署、会馆等各种建筑类型的特殊要求，具有广泛的适应性。

以北京四合院为代表的北方院落喜欢周遭封闭，并以短进深的前院和转折的门道加以过渡，主院通常为开阔方正的庭院，以充分吸纳阳光和遮挡西北寒风及沙尘，院中可种植花木、搭盖凉棚，以充分享受四季天时的恩泽（图 1-87）。徽、闽、粤、赣地区的住宅多采用狭小横长的竖高天井，不单是为了采光，也是为了通风散热。（图 1-88）

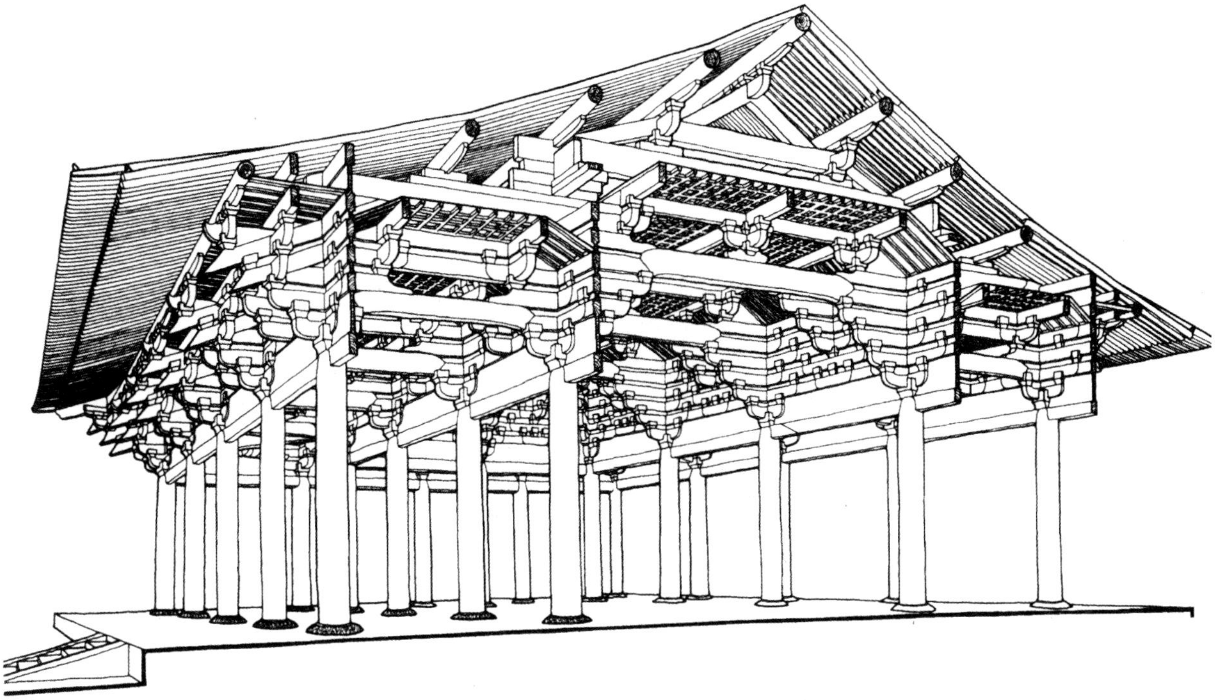

图 1-65
抬梁式结构（山西佛光寺东大殿结构图）

抬梁式结构是中国古代木构架建筑通常采用的一种结构体系，对古代木构建筑的发展起着决定性的作用。抬梁式结构至迟在春秋时就已经出现了，唐代已发展成熟，并出现了以山西五台山佛光寺大殿和山西平顺天台庵正殿为代表的殿堂型和厅堂型两种营造法式。抬梁式结构使用范围广，在宫殿、庙宇、寺院等大型建筑中普遍采用，更被皇家建筑群所选用。

图 1-66
大政殿

沈阳故宫大政殿为八角抬梁式建筑，整座建筑立于 1.5 米高的须弥座台基上，绕以雕刻细致的荷花净瓶状石栏杆。殿顶满铺黄琉璃瓦，镶绿剪边，殿前的两根大柱上雕刻着两条盘龙，殿内有精致的梵文天花和降龙藻井。大政殿是清太宗皇太极举行重大典礼及重要政治活动的场所，1644 年（顺治元年），福临在此登基继位。

图 1-67
国子监辟雍

国子监辟雍位于北京市东城区，始建于乾隆年间（1736—1795），是皇帝讲学的殿堂。大殿为重檐攒尖顶，上覆黄色琉璃瓦。殿内四角原设计有4根立柱做支撑，后改为斜角架大梁的办法而省去立柱，使殿内没有柱子遮挡，整体显得更加宏伟宽敞。高大的石基下建圆形水池环绕，池岸用汉白玉做护栏，构成“辟雍环水”的形制。

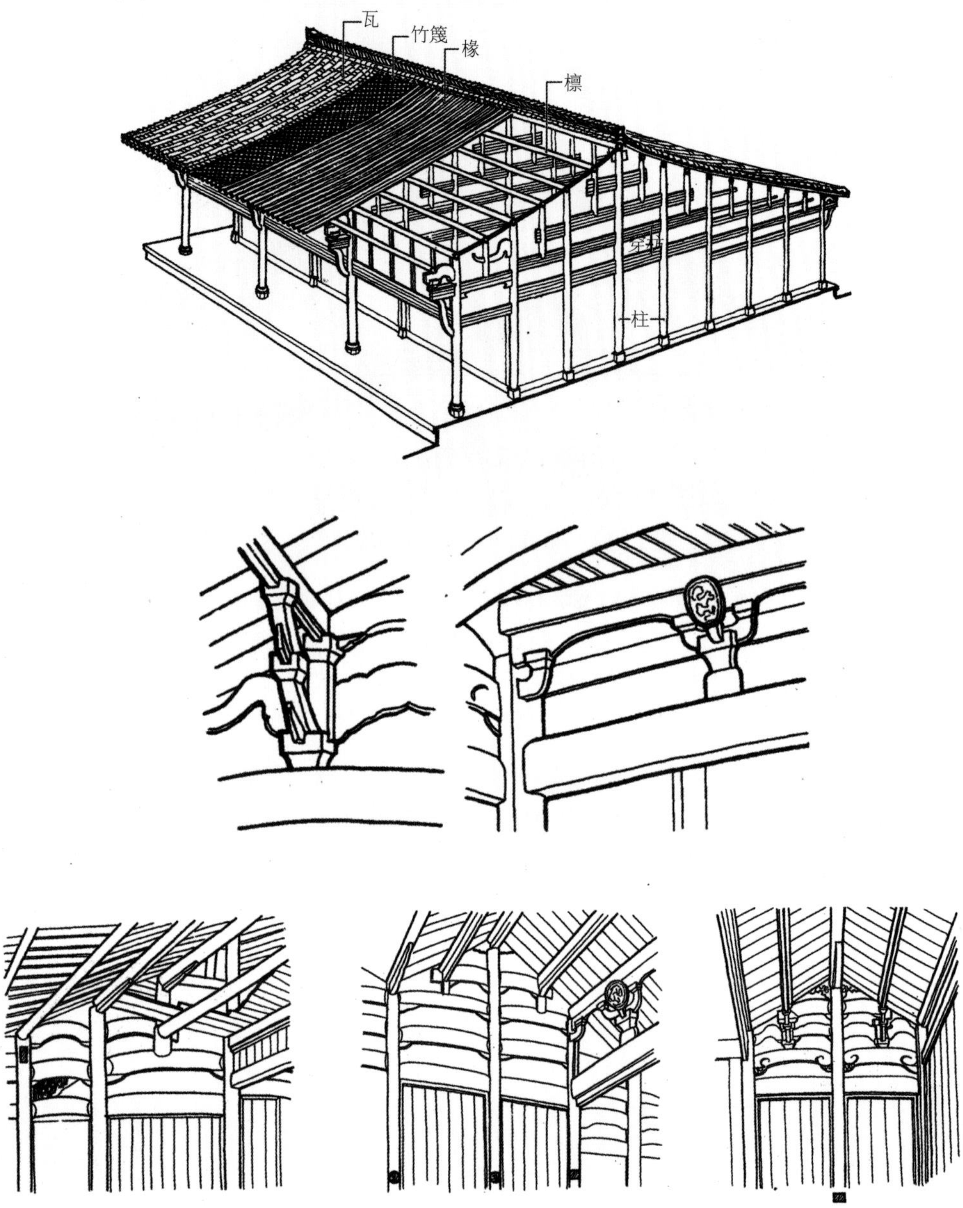

图 1-68
各种穿斗式
结构示意图

图1-69 真武阁

真武阁位于广西容县城东绣江北岸，建于1573年。全阁由20根立柱支撑，其中8根直通顶楼，柱间用近3000根梁枋相互连接。第二层的4根大内柱，虽承受上层楼板、梁架、配柱和阁瓦、脊饰的沉重荷载，柱脚却悬空离地3厘米，是木结构建筑中极为奇特的现象，这也是杠杆原理所造成的悬柱奇观。400多年来，真武阁像一架精确的天平，经历了5次地震、3次特大台风，仍安然无恙，其结构之奇巧，举世无双。

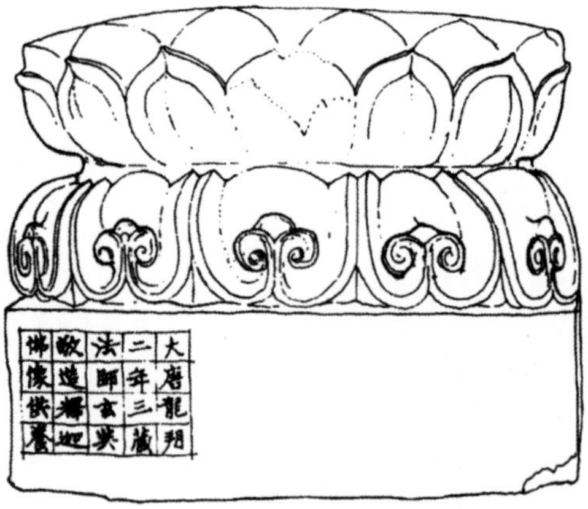

唐龙朔二年须弥佛座

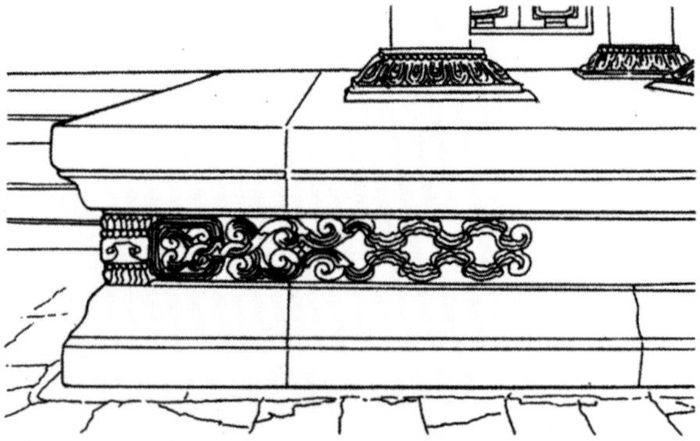

北京故宫雨花阁须弥座台基

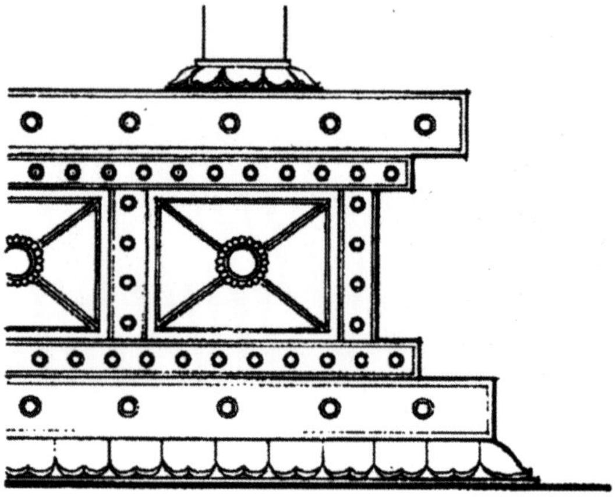

据壁画复原的唐代须弥座台基

图 1-70
须弥座样式图

图 1-71
太和殿须弥座台基

须弥座是一种带有雕刻花纹和线脚的基座，是中国传统建筑广泛采用的高级台基形式，源自印度佛教的台座。采用须弥座台基可以突出建筑的隆重、高贵和威严，多在宫殿、坛庙中使用。

图 1-72
须弥座规制

须弥座分为上枋、上枭、束腰、下枭、下枋、圭角六层，各层构件的比例都有严格的规定，表面的装饰雕刻也都有制度规定，如上、下枋雕宝相花、番草、云龙图案等，上、下枭刻莲花纹样，束腰的转角处凿玛瑙柱子。另外，基座上每一处细小的部位和做法都有特定的称谓，如台基上的栏杆就望柱头这一项构件，就有龙凤头、莲瓣头、石榴头、狮子头、二十四气头等称谓。

图 1-73 保国寺大殿的柱子

保国寺位于浙江省宁波市，是宋代建筑的代表。保国寺大殿的柱子采用了拼接的做法，柱身是八瓣瓜棱形，其上的柱头栌斗也顺势做成了八棱或海棠瓣形状，建筑工艺十分精美。

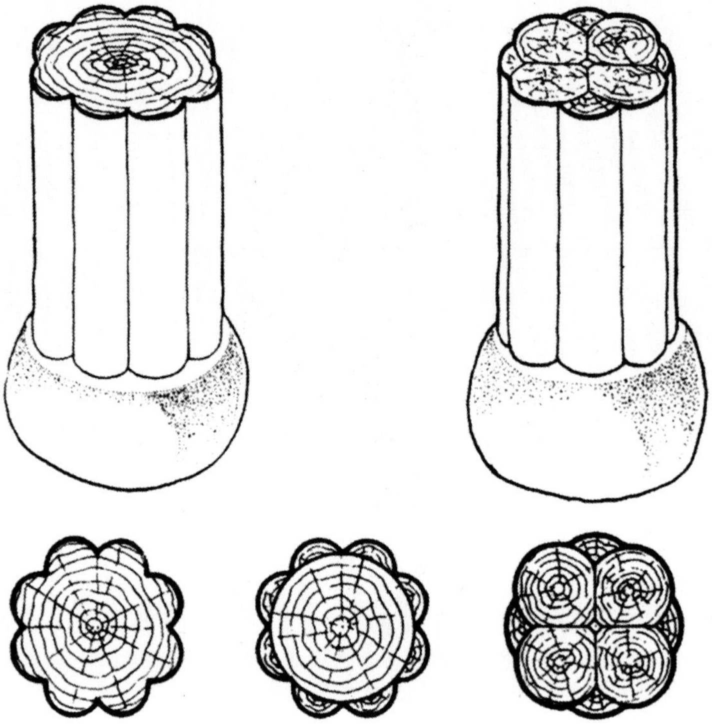

图 1-74
拼合柱（浙江宁波保国寺大殿）图示

图 1-75
山西晋祠圣母殿盘龙柱

山西晋祠圣母殿前檐有木雕盘龙柱八根，盘龙鳞爪有力，盘曲自如，工艺精巧。盘龙柱的形制，在隋唐时多见于造像碑神龛倚柱和石塔门的倚柱上，圣母殿的木构盘龙柱是我国现存最早的盘龙柱。

图 1-76
安徽黄山市呈坎村宝纶阁月梁

梁是大木中的主要构件，尺寸巨大，位置重要，加工中多采用卷杀处理。月梁是将梁的两端加工成上凸下凹的曲面，使其向上微呈弯月状，故称。同时，月梁的侧面也加工成外凸状的弧面，简朴的造型被赋予了力量、韵味，其形式既与结构对应又有明显的装饰效果，使室内一层层相互叠落的梁架不但不沉闷、单调，反而有一种丰富、轻快感。

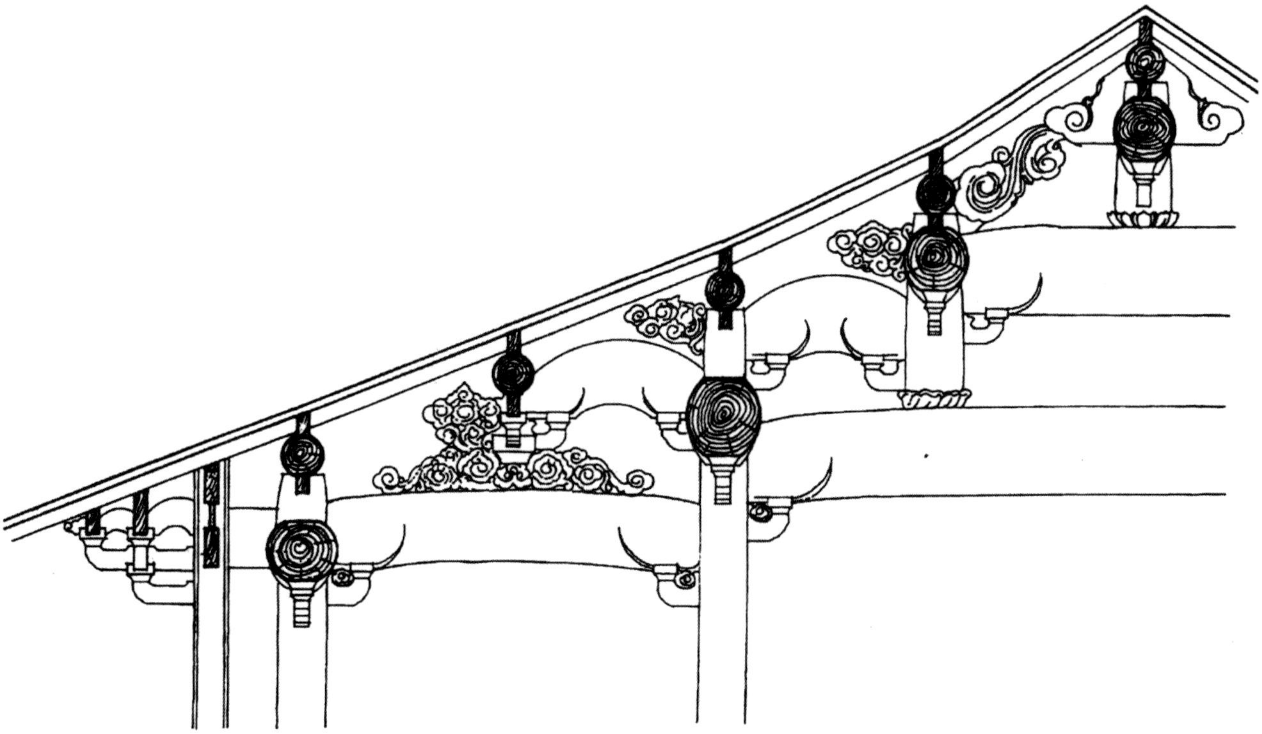

图 1-77 传统民居中的冬瓜梁

插柱式抬梁结构既有抬梁式结构的优点，又吸收了穿斗式结构所具备的整榀屋架稳定性强的优点。插柱式抬梁结构的特点为：在梁两端各做榫头，插入柱子的卯孔中，梁头出际，梁两端下方各垫一个雀替（俗称梁垫、梁下巴）辅助承托大梁。自明代开始，扁方形的梁断面逐渐演变成椭圆形，而且梁的高度、厚度比例也逐渐加大，成为肥胖、弧形、弓背的冬瓜梁形制。

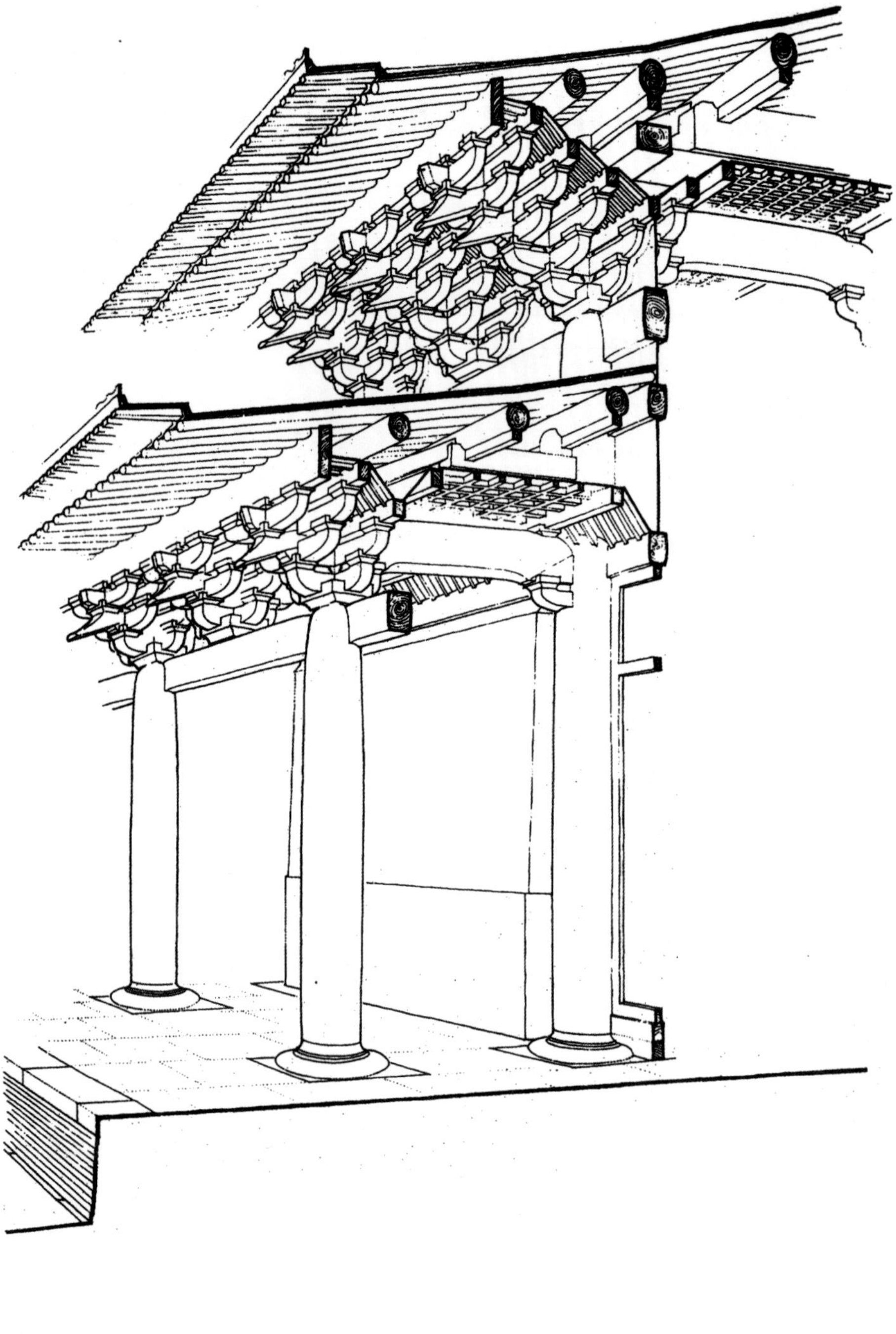

图 1-78
宋代斗拱示意图

斗拱是中国建筑特有的一种结构，是较大建筑物的柱与屋顶之间的过渡部分。在立柱和横梁交接处，在柱顶上加的一层层探出呈弓形的承重结构叫拱，拱与拱之间垫的方形木块叫斗，合称“斗拱”。斗拱在中国古建筑中十分重要，具有荷载、增大距离、装饰、抗震等作用。

图 1-79
河北省正定隆兴寺摩尼殿翼角斗拱

斗拱在立面构成上的比重和形制成为时代风格的鉴别标准之一，如唐宋时期斗拱的高度要占到柱高的 1/3—1/2，斗拱出跳占到全部出檐长的 45% 左右。拱头大量使用曲线造型，称为“卷杀”，曲线由 3—5 段折线组成，每段称一瓣，每瓣都向内凹，形成优美的造型。

图 1-80
北京故宫太和殿清代斗拱

明清时代，斗拱的结构作用减弱，加上砖墙的普及使出檐减少，斗拱的尺寸也随之变小，出跳减少，高度降低，如清代斗拱的高度只占柱高的 1/6—1/5，斗拱出跳只占全部出檐长的 36% 左右。明清时代的斗拱虽然用料有所减少，但增加了排列的密度，加之彩绘艳丽，装饰效果强烈。

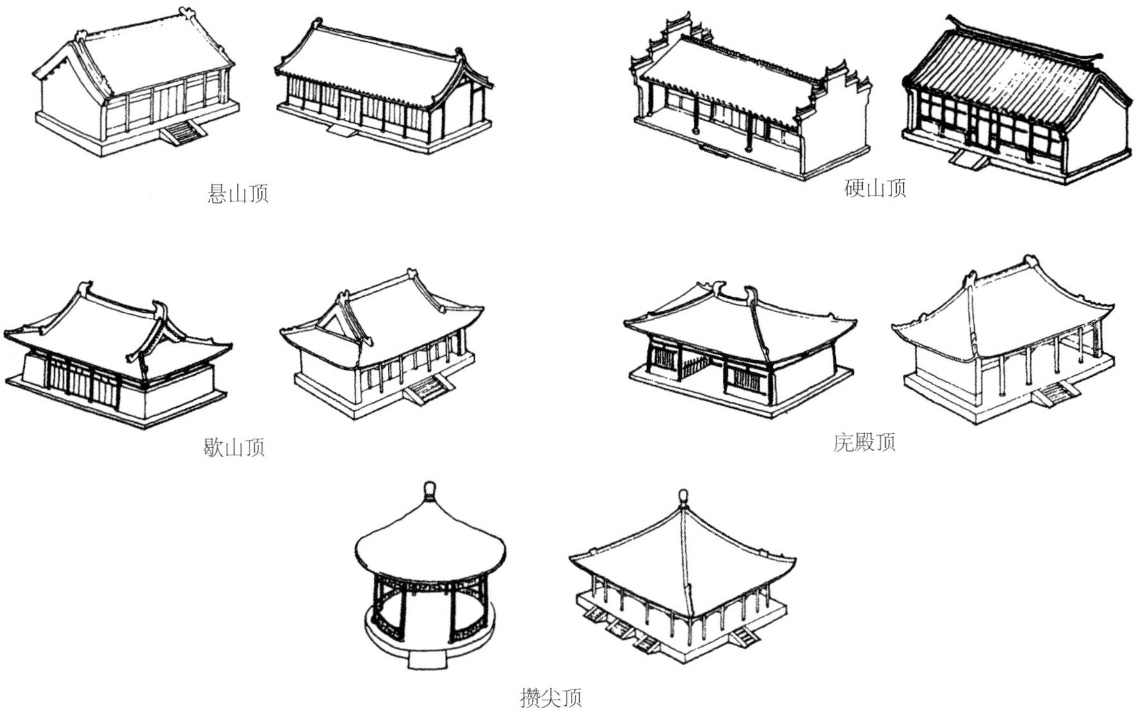

图 1-81 基本屋顶形式示意图

中国古代建筑的屋顶对建筑立面起着特别重要的作用，被称为建筑的“第五立面”。它那远远伸出的屋檐、富有弹性的屋檐曲线、由举架形成的稍有反曲的屋面、微微起翘的屋角、丰富多样的屋顶形式，加上灿烂夺目的琉璃瓦，使建筑物产生了独特而强烈的视觉效果和艺术感染力。中国古代建筑的屋顶有硬山顶、悬山顶、歇山顶、庑殿顶、攒尖顶五种基本样式。

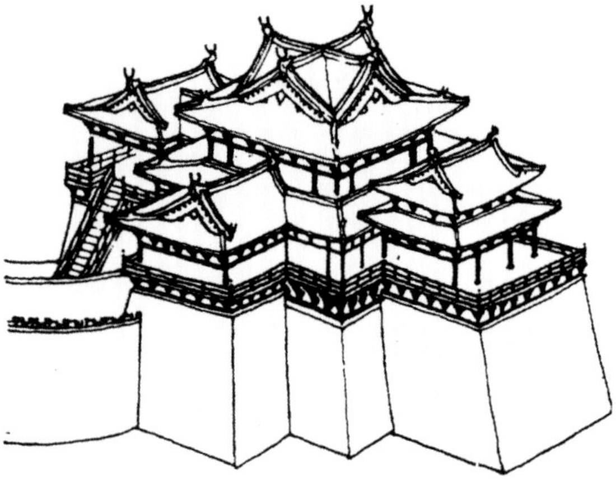
宋画黄鹤楼

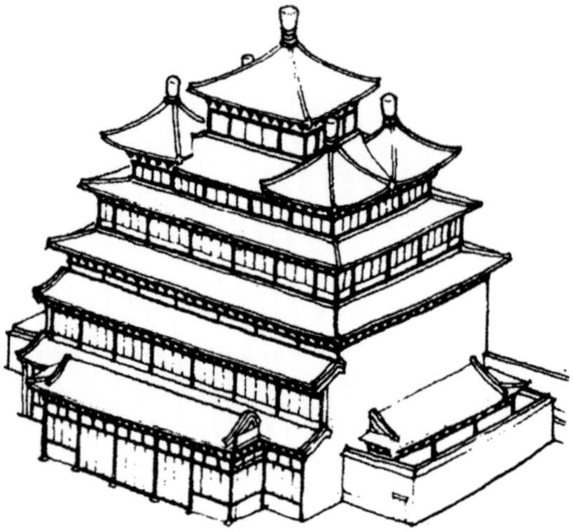
河北承德普宁寺大乘之阁

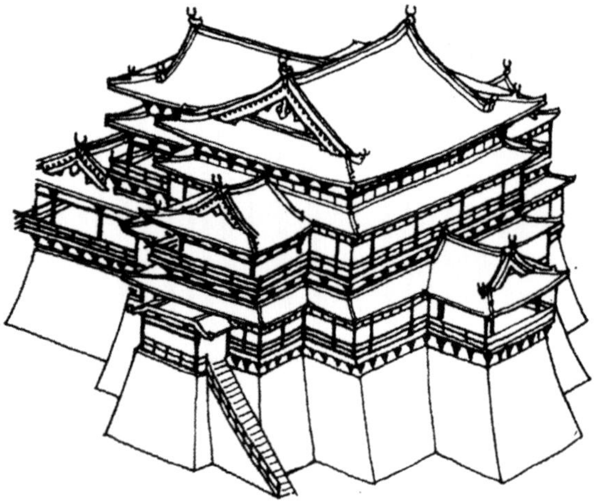
宋画滕王阁

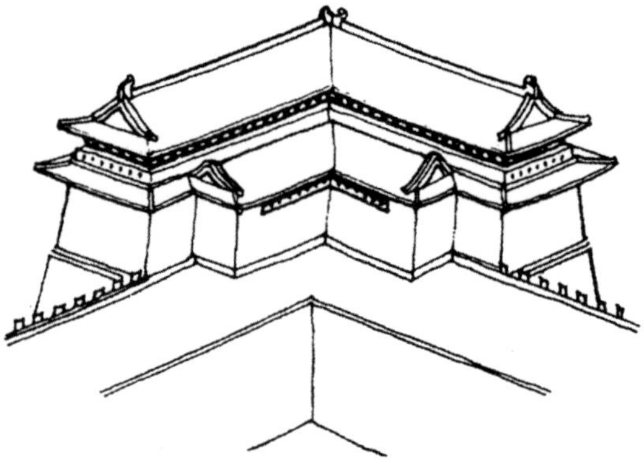
北京内城角楼

图 1-82
各种组合屋顶

图 1-83
独乐寺山门

独乐寺位于天津市蓟州区，是辽宋时期庑殿式建筑。在辽宋时代，庑殿式建筑中产生了一种被称为“推山”的做法，即将正脊向两侧山面延长，其目的是校正庑殿顶由于透视产生的正脊缩短的错觉。正脊向两侧伸出，使得屋顶的45度斜脊的水平投影不是45度的斜向直线，而是内凹的曲线，在空间上，这条斜脊实际上是条双曲线，但人们从任何方向看过去都是一条曲线。

图 1-84
故宫角楼

在北京故宫城墙的四角各建有一座造型奇特的角楼。角楼平面呈曲尺形，内部结构为九梁十八柱，上面的屋顶采用歇山式屋顶组合，有七十二条脊，黄色琉璃瓦熠熠生辉。城墙角楼主要用于防卫、瞭望，北京故宫的角楼也属于皇宫的防卫设施，像这样精美的作品，世间少有，它的优美造型为紫禁城平添了无限神韵，也展现出我国古代匠师们的高超技艺和卓越才能。

图 1-85
岳阳楼

岳阳楼位于湖南省岳阳市洞庭湖畔。岳阳楼的屋顶为盔顶式，仿古代将军头盔的造型，饱满而轻盈，展示了南方建筑的特质。岳阳楼有 3 层，高约 20 米，楼阁中部有 4 根楠木金柱直贯楼顶，各层周围环绕檐廊，游人可登临眺望洞庭湖。唐代诗人李白、杜甫、李商隐等都曾登临赋诗，北宋文学家范仲淹的《岳阳楼记》更使岳阳楼名扬四海。

图 1-86 大乘之阁

大乘之阁位于河北省承德市普宁寺内，是明清时期大型楼阁建筑的代表。大乘之阁的精彩部分在其屋顶，它共由 5 个攒尖式屋顶组成，象征着须弥山。中央的屋顶建于第五层之上，下面 4 个小顶座建在第四层上，象征着金刚宝座塔。大乘之阁丰富的组合屋顶打破了单一屋顶的呆板，使整个建筑造型显得活泼、新颖。

图1-87 恭王府垂花门

在传统住宅中，门常常扮演着重要的角色，门的位置和形式也被用来标识空间性质或性格，如北方四合院中的垂花门，就是用来区分内外空间的，以此形成门外会客为主的外院空间和门内家族活动为主的内院空间。内眷大门不出，二门不迈，指的就是旧时妇女通常只在内院活动的礼仪。

图 1-88 徽派民居及其天井

安徽省徽派古民居的平面基本呈矩形，由堂、厢房、门屋、廊等基本单元围绕长方形天井形成封闭式内院。正屋一般面阔三间，中间堂屋为敞厅。堂屋前两侧的廊屋多向天井开敞。根据功能和礼仪上的需要，以天井为单位，沿纵、横方向延展成复合型院落。天井犹如住宅的眼睛，有的住宅的天井多达 36 个，成为徽派建筑的一大特色。

四、技艺与装饰

中国古代建筑集合了各种传统手工技艺。在唐宋时期，营造业就已经有了细致的分工。手工作品中沉淀的“工”越深厚，意味着工艺的价值含量越高，因为其中凝聚着包含构思、劳作的大量工时，一座精美的建筑就是一件巨大的手工技艺作品，往往需要匠师殚精竭虑、经年累月才能完成。

浙江省东阳市史家庄民居中的牛腿木雕

木雕

用木雕对建筑构件进行装饰是明清时期一种流行的做法，并由于用料、技法、风格等因素的不同形成了黄杨木雕、硬木雕、龙眼木雕、金漆木雕、东阳木雕等不同种类和流派。按风格来分，木雕也有多种类型，苏州地区的雕刻构图不拘一格，轻松活泼，表现清秀之美；北京地区的雕刻趋向构图严谨，端庄华丽；山西的木雕粗犷大气，风格浑朴；潮州木雕则灵透美艳，风格华丽。（图 1-89 至图 1-93）

砖作、石作

砖作、石作是中国传统建筑中颇具表现力的一种装饰工艺，主要有两种：一种是惟妙惟肖地模仿木结构技术，如江南地区的砖雕门罩、石牌坊等，包括大型的砖塔、石塔等，都是很好的工艺品和艺术品；另一种是挖掘砖石自身的表现力，通过人工处理，创造砖石特有的装饰效果和美感。（图 1-94 至图 1-96）

在砖作工艺的基础上进行砖雕装饰可使建筑更加精美，雕刻精细、内容丰富的砖雕使原本略显单调的墙面产生了生动、立体的效果，同时成为官宦富豪炫耀地位、财富的一种手段。在建筑上，石雕工艺主要用在鼓磴、磉石、门槛、栏杆、阶沿石、抱鼓石、须弥座、柱础、石漏窗、碑碣等处。此外，古代独立的石雕作品也十分丰富，如石桥、石塔、石亭、石牌坊、石狮、石碑等，不胜枚举。（图 1-97 至图 1-100）

广东省河源市林寨古村民居柱础

细部

人们对建筑的感受最初在于对体量、造型、色彩、尺度、比例等整体的认知和欣赏，然而能够让人流连忘返、驻足品味的则往往是建筑的细节或细部，如门、窗、门环铺首、坐凳、栏杆等。而且这些部位或节点也常常是体现文化习俗的地方，也是最见匠心和匠艺的所在。细部也体现了对人的尊重，对人的关切，人情味、生活气息大多表现在建筑的细节上，细节体现了建筑文化中的人文含量。(图1–101 至图 1–105)

北京故宫屋顶上的瓦饰

图 1-89
东阳卢宅木雕

东阳卢宅位于浙江省东阳市。东阳是有名的木雕之乡，东阳的卢宅建筑群是古代婺州地区传统建筑的典型代表，其中的木雕工艺十分精湛，因雕后基本不施油漆或深色漆，保留原木天然的纹理，加上其清雅的色泽和精致的刀工技法，故俗称“清水白木雕”。东阳卢氏宗族的住宅是融东阳木雕、石雕、砖雕、堆塑和彩绘等艺术于一体的江南士族宅第，其核心部分“肃雍堂”轴线前后拥有九进院落，其中的雕刻细腻精致，不论是斗拱、雀替，还是梁、枋、檩，只要是可以雕刻的地方，都刻有人物故事、花鸟瑞兽以及花纹线脚等，有的还施有彩绘，体现了江浙一带匠人高超的匠艺。

图 1-90
浙江省东阳市史家庄
民居中的牛腿木雕

图 1-91
浙江省永康市前仓镇厚吴村
澄一公祠的牛腿木雕

图 1-92
龙川胡氏宗祠木雕

龙川胡氏宗祠坐落于安徽省绩溪县大坑口村，是徽派祠庙建筑的代表，也是徽派古建筑艺术的宝贵遗产，有“木雕艺术厅堂”的美誉。祠堂里的梁托、灯托、额枋、云板和正厅4米高的落地隔扇上面布满了雕刻，有人物故事、鸟兽虫鱼、云雷如意等，雕刻精细，工艺精湛，各具神态。

图 1-93
安徽省黄山市黟县宏村承志堂的装饰雕刻

图 1-94
卢宅石牌坊群

古代中国人在祠堂等重要建筑物前常设立牌坊，用以表彰功绩、宣示富贵。浙江省东阳市卢宅前便设置了三道高大精美的石牌坊。第一道牌坊为三间四柱五楼式，横额上镌刻着“风纪世家” 四个大字，标榜着望族世家的荣耀，同时作为祠堂建筑群的前导，渲染了建筑的庄重与威严。

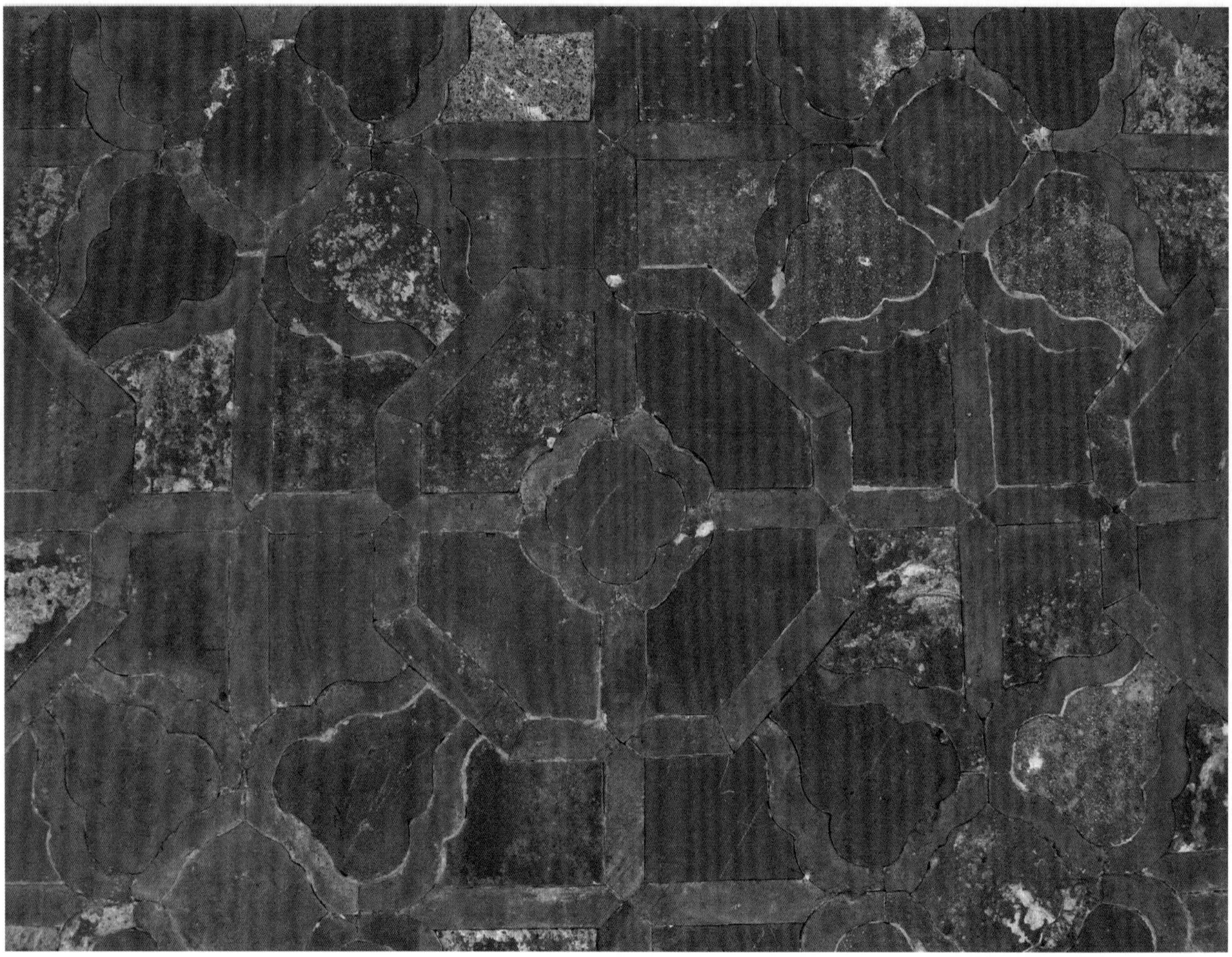

图 1-95
福建省南安市官桥镇漳里村蔡氏民居花砖图案

闽南传统建筑中使用最广泛的建筑材料是红砖，即用稻田中的泥土做坯烧制的砖。因烧成的红砖表面有两三道紫黑色纹路，故称“烟炙砖”。居民以此砖砌筑花样墙面，有梅花砖墙、万字花砖墙等，花样的应用丰富了单调的墙面。另外，人们在墙面上开样式丰富的雕刻花窗，使之形成动人的浮雕作品，并和背景墙面形成对比。

图 1-96
北京天坛回音壁

传统砖作工艺中有一种砌筑工艺叫磨砖对缝，其做法是挑选上好的砖，经过研磨，不抹砂浆直接码放，砖与砖之间不留缝隙，砌筑中使用灌浆的方式将砖体浇筑为一体。北京天坛皇穹宇的圆形围墙号称回音壁，实际上就采用了这种砌筑工艺。回音壁并非要特意制造回音效果，而是因为砌筑工艺精湛，才产生了回音折射的绝佳效果，令人称奇。

图 1-97
柱础

中国古典建筑为木结构体系，木质柱子与地面需要通过石构的柱础来衔接和过渡，于是，柱础便成了视觉焦点。由于柱础可以独立加工，故而成为工匠重点打造的对象，倾注了石工的匠心和才艺。他们精雕细琢，不遗余力，使得柱础的各种造型和装饰雕刻异彩纷呈。

图 1-98
广东省河源市林寨
古村民居柱础

图 1-99
用高浮雕手法加工的门墩

门墩，又称门座、门台、门鼓、抱鼓石等，是中国传统民居，特别是四合院的大门底部起支撑门框门轴作用的一个石质或者木质的构件。门墩上通常雕刻一些中国传统的吉祥图案，是了解中国传统文化的石刻艺术品。

图 1-100
潮汕民居石雕“渔樵耕读”

传统的建筑石作装饰雕刻在唐宋时期已达到相当高的水平，工匠们不但全面掌握了石作雕刻的各种技法，而且成功地把握了装饰雕刻与建筑主体的相互关系，并根据建筑的性格、雕刻的位置特点及结构构件的内在逻辑要求，选择不同的雕刻类型和形式，从而使装饰雕刻与建筑浑然一体。

图 1-101
北京故宫屋顶上的瓦饰

瓦饰是中国传统建筑装饰的重要内容。中国传统建筑屋面庞大，在屋面交接的屋脊上往往要加以装饰，如在屋面交接部位叠起线脚丰富的屋脊，在屋脊相交的节点安置脊兽，如正脊两端的吻兽、垂脊端的垂兽、戗脊上的戗兽等。瓦饰的位置既是构造的节点，也是视觉的焦点。瓦饰大多被赋予了吉祥寓意，如龙、凤、狮子、海马、天马、狻猊、獬豸、斗牛等，都是瑞兽。

图 1-102
北京故宫中的琉璃门楼

砖瓦是中国古代建筑中的主要材料，其中瓦有灰瓦、琉璃瓦之分，砖也有灰砖和琉璃砖之分。琉璃制品富丽堂皇，光彩夺目，较为贵重，一般只用于皇家建筑及较重要的寺院、坛庙之中。从北京景山万春亭鸟瞰故宫，一片黄灿灿的琉璃屋面，犹如浮光跃金，在老北京四合院民居灰砖灰瓦的背景映衬中，凸显出皇权的至上和神圣。

图 1-103 北京故宫中的琉璃装饰

琉璃不仅用于制作宫殿、庙宇、陵寝等建筑的瓦，也是中国传统建筑中重要的装饰材料。北京故宫中的大小宫殿、照壁、墙面以及花园里的花坛，都广泛使用了琉璃来装饰。

图 1-104
北京恭王府中的花窗

花窗又称什锦窗，主要用在园林的隔墙和廊墙上，有五方、六方、八方、方胜、扇面、石榴、寿桃等多种样式。功能上，它既可连通廊墙两侧的景致，使游人畅游其间，透过花窗窥见院外之景，从而起到在视觉上扩大园林空间的作用，又能装饰建筑，丰富墙面的表现力。

图 1-105 门面和门簪

中国古有“装点门面”之说，“门面”一词就是指一般大门的外表，也代表了一家一族的颜面，所以有脸面犹如门面的说法，因而大门是必须重点装饰的，细部处理多有点睛之笔，如极能引起人注意的门楣之上常常装饰有门簪。

门簪因与妇女头上的发簪相像而得名，少则2枚，多则4枚，有方形、长方形、圆形、菱形、六边形、八边形等各种样式。中国民间有“门当户对”的习俗，其中“户”即指“门簪”，这种说法使门簪又成了身份等级的象征。古人重视门第等级观念，在婚姻上更是如此。媒人要先看这家门簪的数量，然后再去找具有相同数量门簪的人家说媒才行，不然就是“门不当，户不对”了。

第二章 蔚为大观

（秦汉魏晋南北朝时期）

秦汉两代建立起的王朝是中国历史上真正意义上的统一而庞大的帝国，中国的疆域西部已达巴尔喀什湖和帕米尔高原，东部达朝鲜半岛中部，西南达到云贵高原及今缅甸，南部达到今越南中部，以后历代中原王朝的疆域主体在这时已经大体确定，即地域性的主体已经形成。由于中央集权的大一统控制与协调体制的建立，国家在经济、政治、思想、文化上的大一统格局也在这一时期逐步确立。

一、秦汉时期建筑艺术特征

建筑群规模庞大而恢宏，布局与空间构成趋于完善

秦汉时期的建筑规模比夏商周时期更宏大，同时非常强调群体布局的艺术性，如在中轴线上沿纵深方向设置重重门阙、广场、殿堂，用以强调建筑的序列感，并采用对比手法烘托主体建筑。此外，秦汉时期的建筑形制也更趋完备，创造了与统一王朝相匹配的建筑气象和空间氛围。（图 2-1 至图 2-2）

汉代水阁形象的明器

木结构体系趋于成熟

秦汉时期，中国建筑的木结构体系趋于成熟，后世所见的抬梁式和穿斗式两种主要的结构方式已经形成。由出土的汉明器及汉画像石等材料可以看到，这一时期出现了 3—5 层的多层楼阁建筑，证明多层木架建筑已经普遍应用，高层建筑的结构技术已经达到很高的水平。（图 2-3 至图 2-4）而一般房屋下有较高的夯土台基，为了防止其崩塌，在台基周边用木柱和木枋加以保护。（图 2-5）砖石技术和拱券技术有了突破性的发展，出现空心砖、楔形砖和砖砌拱顶的墓室建筑等。

汉代木构架形象

（1）立柱与斗拱

秦汉时期屋身部位的构件以立柱和斗拱较具特色，立柱有方

柱、抹角方柱、八棱柱、圆柱等，柱身上刻有竖向的凹槽，呈现为凹棱状或束竹状（图 2–6）。斗拱作为中国木构建筑的结构要素和艺术特征，在汉代已经广泛采用。（图 2–7）

（2）屋顶的变化与定型

秦汉时期的屋顶形式也呈现出丰富的造型变化，已有悬山、庑殿、攒尖、歇山、囤顶等形式。至迟在东汉时期，出现了早期的歇山顶形式，即屋顶上半部是悬山（两坡顶），下半部是庑殿（四坡顶），形成跌落式的两段。此一时期，在屋顶上已广泛使用正脊、戗脊、垂脊等脊饰，同时在两坡顶的垂脊之外，也使用了排山构造。在正脊、戗脊的尽头使用类似鸱吻造型的装饰，表明屋顶的形制和造型已很成熟。（图 2–8 至图 2–9）

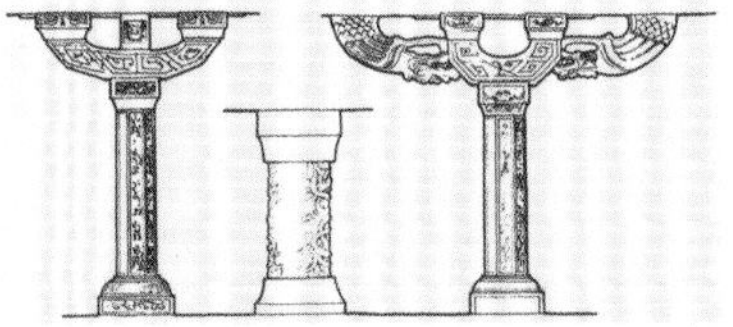
汉代建筑中的木柱形式

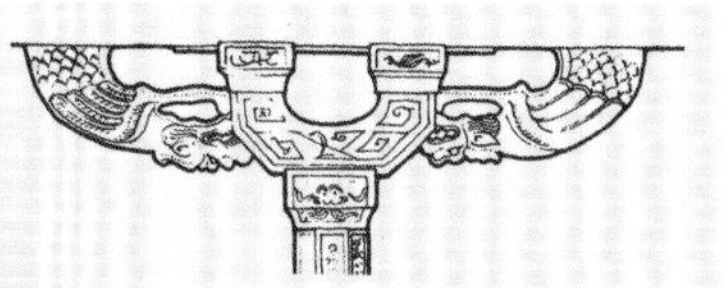
汉代斗拱的形式

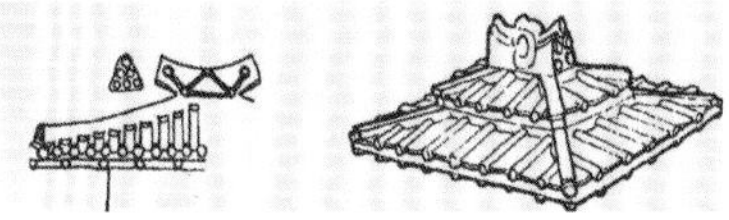
汉代建筑的屋顶形式

建筑要素横平竖直，体现出端庄稳重的风格

从外观上看，秦汉时期构成单体建筑要素的柱、楣、门窗、梁枋、屋檐等都横平竖直，是三维方向直线的组合，只有夯土墙壁和墩台斜收向上，没有曲线，建筑风格端庄、严肃、雄劲、稳重。

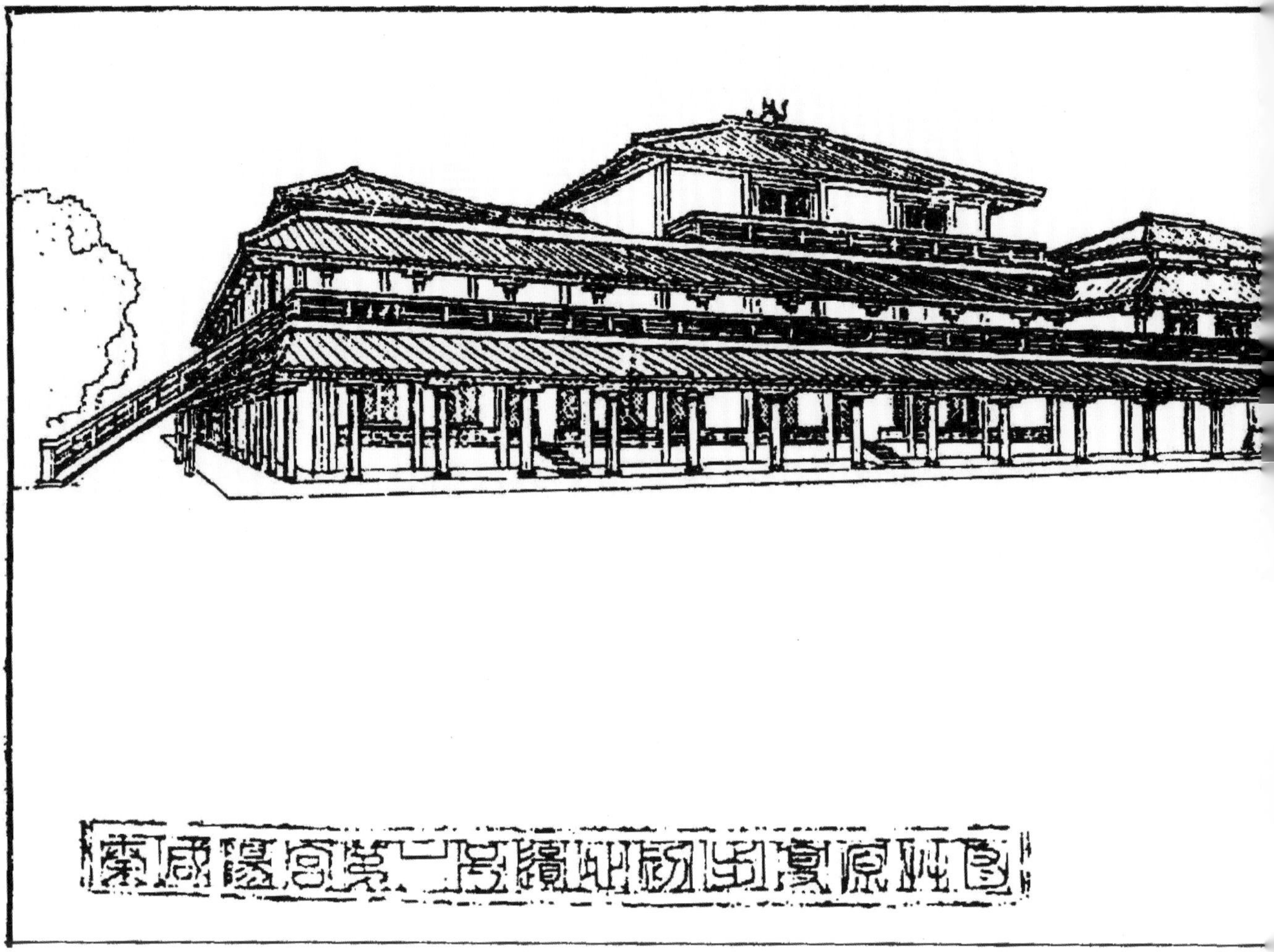

图 2-1 咸阳宫殿复原图

公元前350年，秦孝公迁都咸阳，在城内营筑冀阙，并建造了许多宫殿。秦始皇在统一全国的过程中，又在咸阳塬上仿建了六国的宫室，建成规模庞大的皇宫建筑群。秦咸阳宫分布在咸阳北部，以冀阙为中心。经过对遗址复原后可知，这是一组东西对称的高台宫殿，二者由跨越谷道的飞阁连成一体，形成极富艺术魅力的台榭复合体。主体宫室建在高台上，耸立于周围群屋之上，使全台外观如同三层，其恢宏的气势显现了秦始皇在统一大业功成以后一种志得意满的心态。秦末，项羽攻入咸阳，屠城纵火，咸阳宫大半夷为废墟。

咸阳宫利用自然地理条件，将南边的秦岭、西边的龙山、北边的山西和东边的崤山、黄河作为外部的城墙。除咸阳塬的主宫外，秦朝还在关中地区修建了300多个离宫别馆，范围涵盖今宝鸡、咸阳、西安、渭南四地市。这些离宫别馆之间用各种复道、甬道、阁道等连接起来，形成一个大型封闭圈，构成广义上的咸阳宫，直径有80余千米。

图 2-2
[清] 袁江　阿房宫图屏

阿房宫位于咸阳宫的南部，建造之初，秦始皇设想在咸阳宫和阿房宫之间架起横跨渭水的空中阁道，咸阳宫象征天帝居住的紫微宫，渭水好比银河，天帝横渡天河而达紫微宫、阿房宫。虽然阿房宫在秦末的大火中遭焚毁，但是从各朝代名家的画作中，我们依然可以窥见阿房宫磅礴的气势。

经考古发掘，阿房宫基址为极高大的夯土台基，东西长 1000 余米，南北长 500—600 米，现残高 8 米，面积几近于明清紫禁城。其恢宏的体量，表达着人间与天地同构的理念；其气吞山河的气势，象征皇权的崇高和永恒。另外，阿房宫以南山山峰为阙，将自然景色引入宫内，这可说是见于记载的最早的“借景”手法。

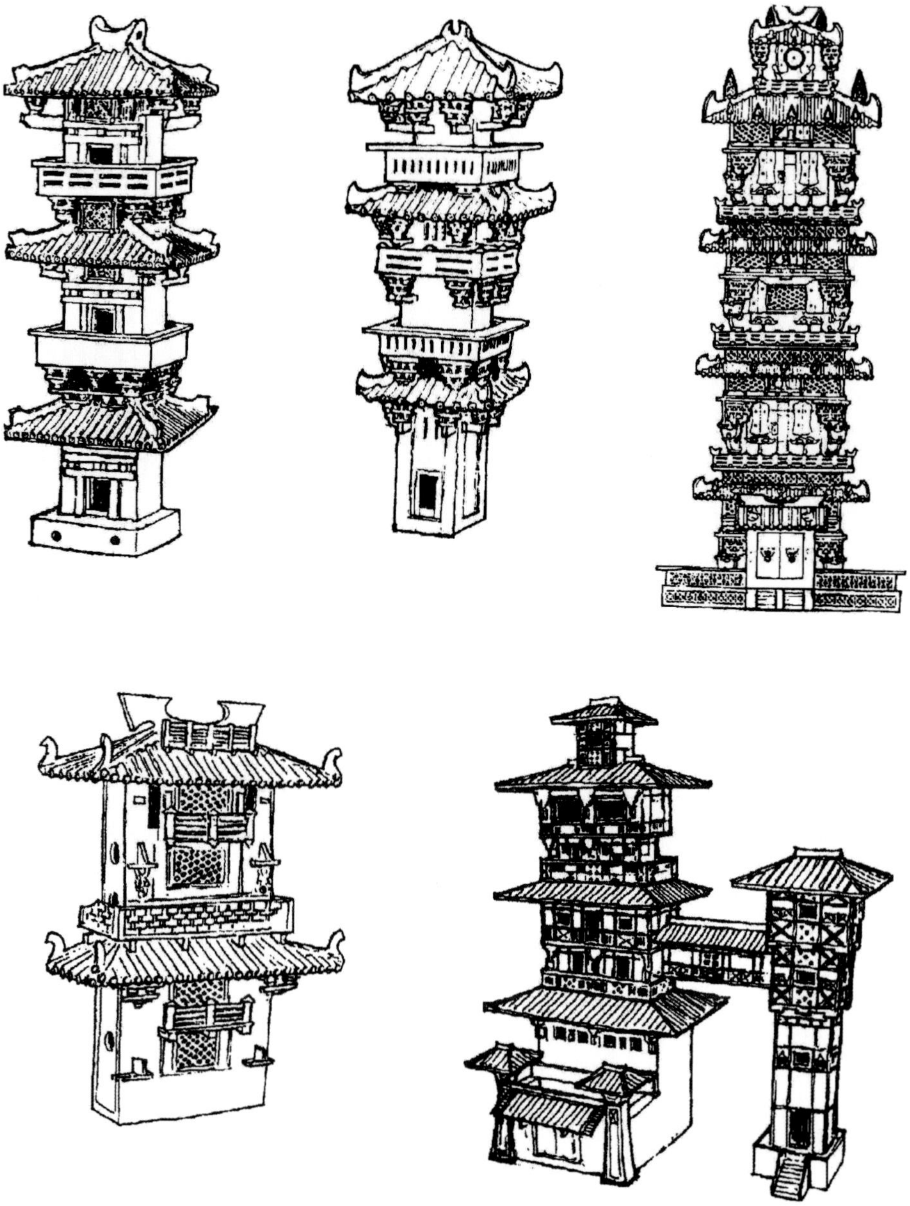

图 2-3
汉代楼阁形象的明器

汉代楼阁形象的明器出土于汉代墓葬。这些明器以3层、4层者居多，最高的可达7层，估计其实物高度应当在20米以上。其类型依用途有住宅、仓屋、望楼、水阁、谯楼、市楼、仓楼、碉楼、角楼等。中国传统木架构建筑发展到汉代已经取得了重大的突破，多层梁柱式楼阁的出现与流行，是当时建筑技术高度发展的标志。

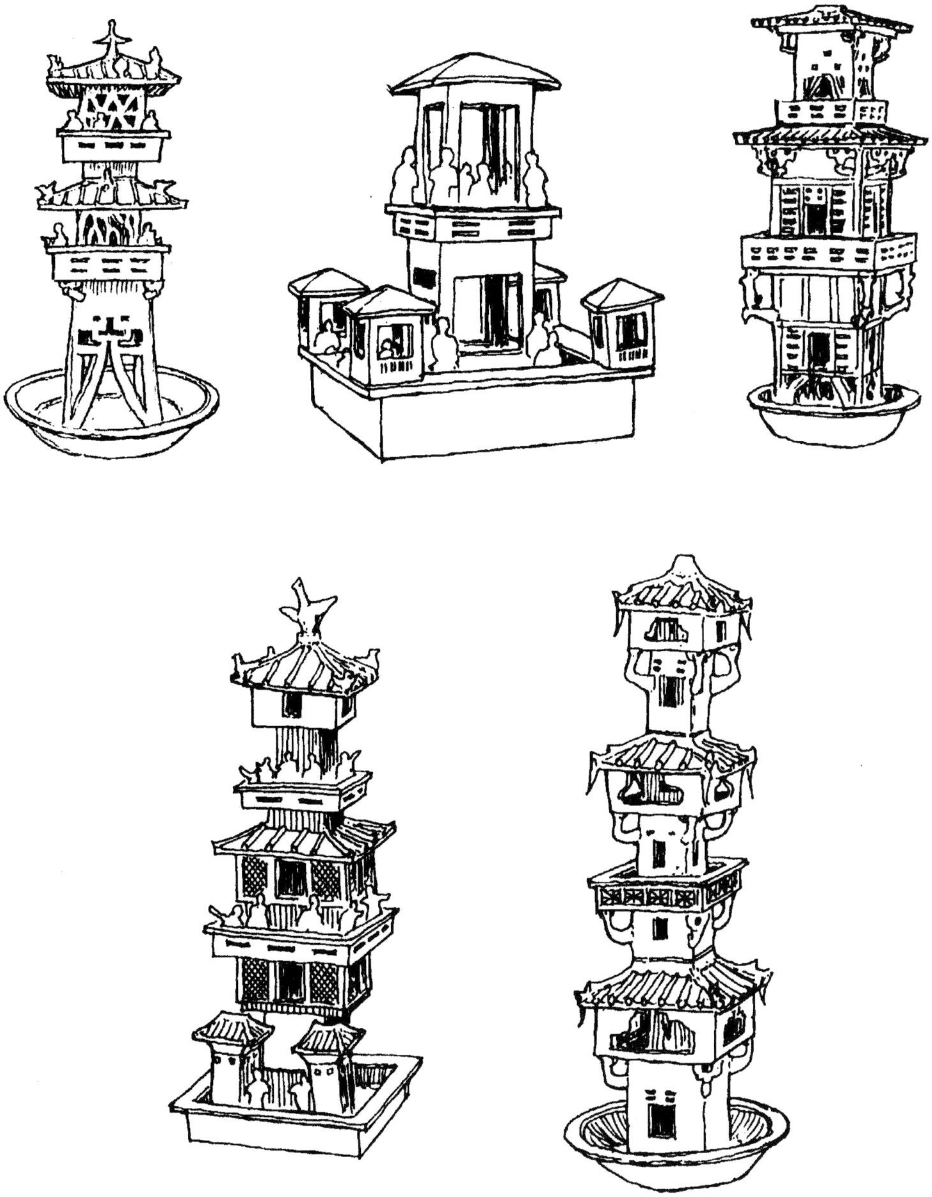

图 2-4
汉代水阁形象的明器

汉代水阁形象的明器出土于汉代墓葬。由模型中可见，当时有一些楼阁建于水中，环绕着平面呈圆形或方形的水池，有的还在水池四隅建有方亭。塔楼之上，往往置有正在饮宴、歌舞的偶人，或者手执弓弩的卫士。这种建于“水池”中，类似干栏建筑的汉代明器出土数量颇多，在一定程度上说明了干栏式建筑与楼阁建筑的渊源关系。

抬梁式结构（屋檐下用插拱）
四川成都市画像砖

穿斗式结构
广东广州市汉墓明器

干栏式构造
江苏铜山县画像石

图 2-5 汉代木构架形象

汉代抬梁式结构房屋可见于四川成都出土的东汉住宅画像砖，河南荥阳市汉墓出土的陶仓屋架也可以验证与之类似的形式。与此同时，穿斗式和井干式的结构方式在汉代也得到较为广泛的应用，可见于广州出土的陶质建筑明器、江苏铜山县汉墓出土的井干式建筑明器、云南晋宁县石寨山出土的西汉青铜小屋等。

束竹柱
四川柿子湾汉墓

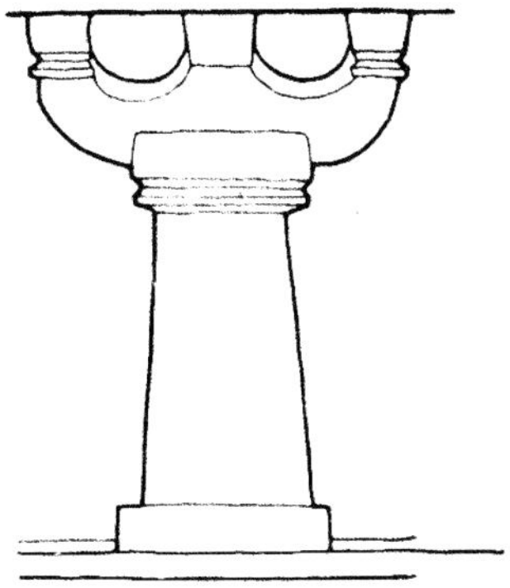

方柱
四川彭山崖墓

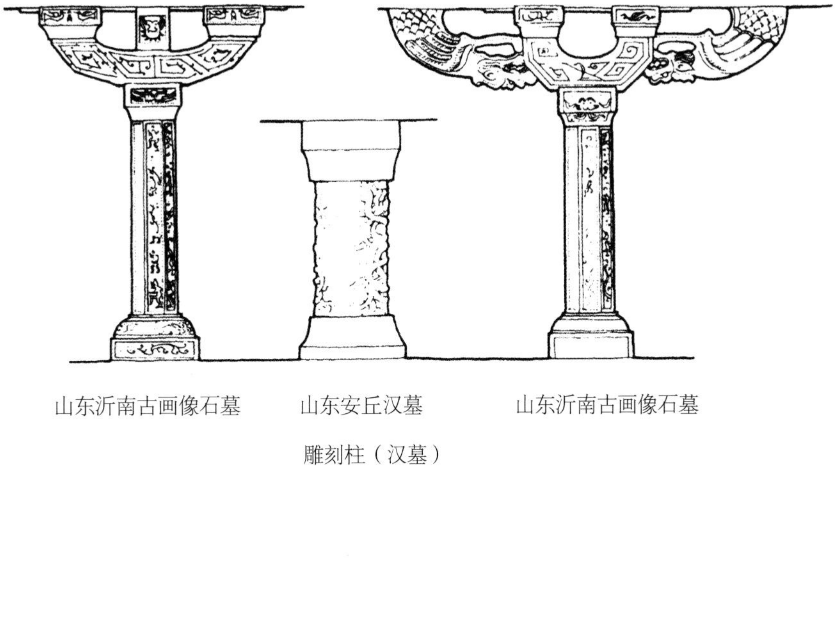

山东沂南古画像石墓　山东安丘汉墓　山东沂南古画像石墓

雕刻柱（汉墓）

图 2-6 汉代建筑中的木柱形式

从汉代的墓阙、石祠、墓葬、画像砖石、壁画及建筑明器等实物遗迹可知，这一时期已经出现一斗二升、一斗三升的建筑形式，同时出现了斗拱出跳的做法。有的斗拱为了美观，特意做成曲形，又称“曲栾”“曲枅”，极具时代特征。

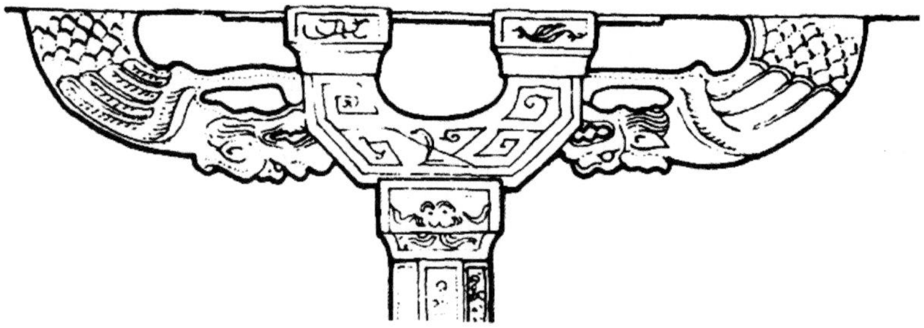

山东沂南古画像石墓中的斗拱

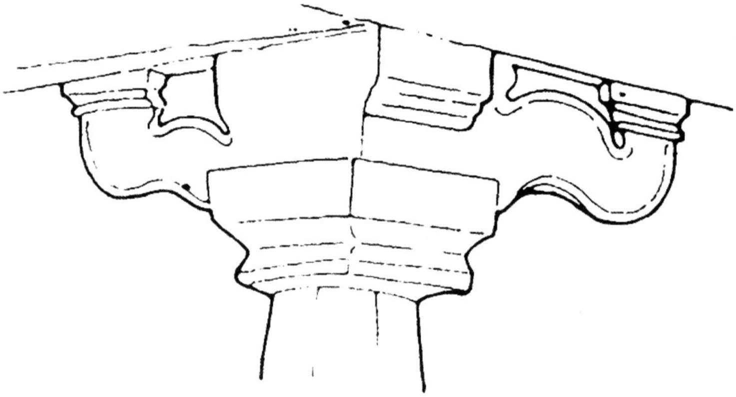

四川彭山 530 号崖墓石柱斗拱

图 2-7
汉代斗拱的形式

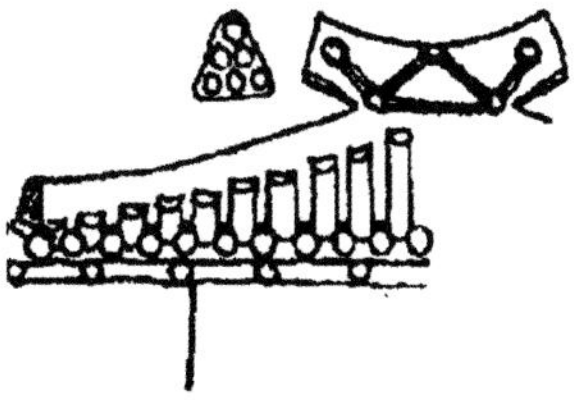

江苏徐州市十里铺东汉墓出土的陶楼屋顶（正脊起翘，其端部有圆形饰物）

四川雅安市高颐阙屋顶

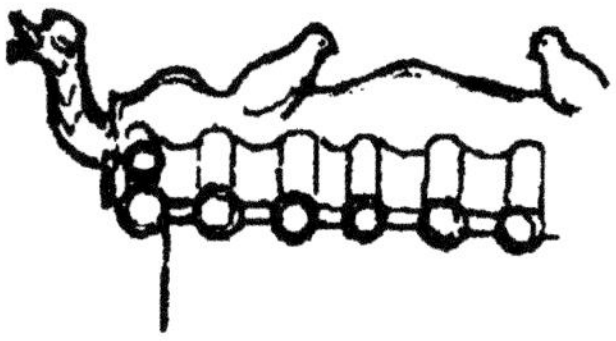

东汉明器中的屋顶

广州市南郊大元岗出土的东汉陶屋屋顶

辽宁辽阳市东汉墓壁画中的屋顶

北京市琉璃河出土的陶楼上部

图 2-8 汉代建筑的屋顶形式

从现存图像资料来看，汉代建筑的屋顶呈现为平整的直线型，屋面坡度平缓、不凹曲，屋角也没有起翘，整个屋顶显得粗犷厚重，使建筑呈现出简括雄浑的整体风格，但也有沉重僵硬之嫌。有的屋顶在屋脊的尽头用瓦件做出略微上翘的样子，以两端上翘的正脊与下部呈弧线上升的垂脊相配合，造成屋顶向上运动的趋势，以减少沉重、呆板、压抑之感。这种处理手法的出现，实际上是以后的凹曲屋面的滥觞。

二、秦汉至魏晋南北朝时期的建筑成就

八达岭明长城

长城上的烽火台

长城

秦统一中国后，利用统一国家有效的政令和强大的国力大兴土木，修筑了长城、驰道、直道、灵渠等一系列国家工程。这些工程虽然是国家出于防卫、交通、水利所需而实施的项目，但同时也成了重要的历史文化遗产。（图 2-9 至图 2-14）

汉长安城

秦汉时期的城市建设特别是都城建设处于一种较为特殊的状态，一方面是国家初建，百业待兴，城市大多沿袭原有的旧城加以扩建和完善，因而必然受战国时期旧有城市规制的限制，难以达成周代所推崇的王城风范；另一方面，秦朝建都咸阳，西汉建都长安，东汉建都洛阳，以及东汉末曹操被封魏王时营建王都邺城，这些城市在规模、功能、形制、形象诸方面都有新的变化，给这一时代的城市建设带来了许多新的气象。

汉长安城的位置在今陕西省西安市西北约 3 千米龙首塬北坡的渭河南岸汉城乡一带，城址呈不规则方形，总面积约为 36 平方千米，城墙除东墙笔直外，其他各面皆随宫城、渭河和地势多次转折。南墙和北墙转折尤其多，有人认为长安城墙的曲折，是先建宫殿而后建城池的结果，也有人认为城市的平面形状是意在“南象南斗，北象北斗”，故有“斗城”的称谓。汉长安城中南北向的中轴大街宽度达 50 米，长 5500 米，几乎贯穿全城。沿街两侧种植有行道树，据记载有槐、榆、松、柏等树种，茂密成荫，构成十分壮观的街景。城内有许多宫殿、府邸和寺庙，长乐宫、未央宫横亘城南部高敞处，建筑壮丽，气势雄伟。

汉长安城设有用于交易的“市”和专用于城市居民居住的“闾里”，城市四周有围墙环绕，各面开门，起到管理百姓的作用。据文献记载，汉长安城中有 9 市 160 个闾里，居民达四五十万人。汉代市井之相在遗存下来的汉画像砖、壁画上都有所反映（图 2-15 至图 2-16）。

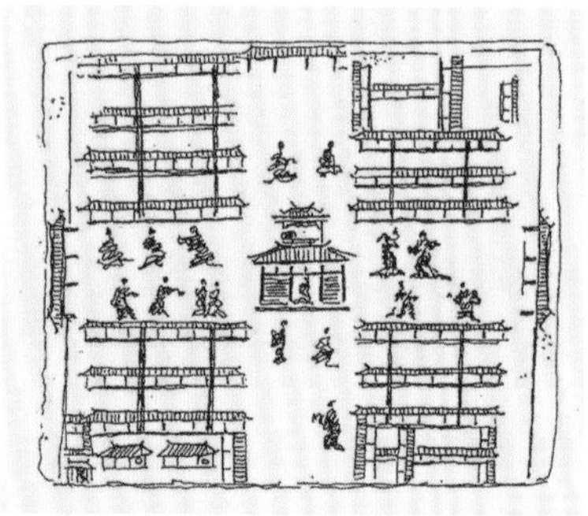

汉画像砖中的市肆

明堂辟雍

汉长安城南郊建有一组庞大的用于祭祀的礼制建筑群，称为明堂辟雍，是秦汉时期最重要、最具代表性的祭祀建筑之一。

所谓“明堂”，先秦文献中将其描述为天子布政的宫殿，并赋予其许多烦琐的规定，但在汉武帝时期，其概念和形制已失传。由《汉书·郊祀志》中的记载可知汉代的明堂已是一种综合性的祭礼建筑（图2-17）。

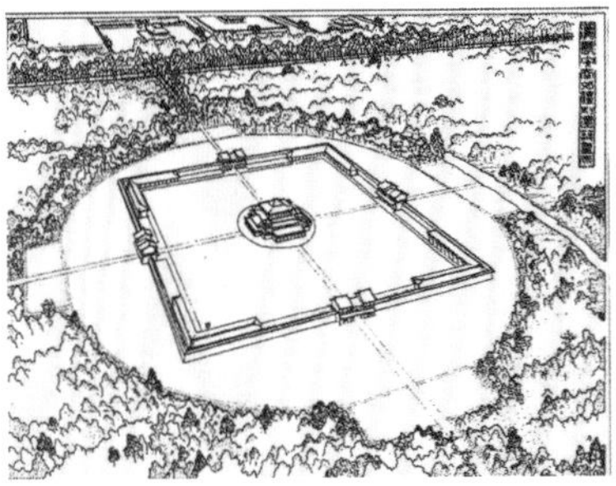

西汉长安南郊礼制建筑复原图

“辟雍”同为礼制建筑，是一座周围环以圆形水沟的纪念堂，是帝王讲演礼教的场所。从西汉长安南郊礼制建筑辟雍遗址中可以看到，它由外环行水道、围垣、大门、曲尺形附属建筑及中央主体建筑组成。整组建筑采用秦汉时期流行的高台建筑形式，以十字形轴线对称排列，占地面积总计11万余平方米。（图2-18）这种平面上由方、圆两种几何形状套合而成的建筑，较符合中国古代“天圆地方”的宇宙观，表现出当时建筑在满足人们精神需求方面的重要作用。

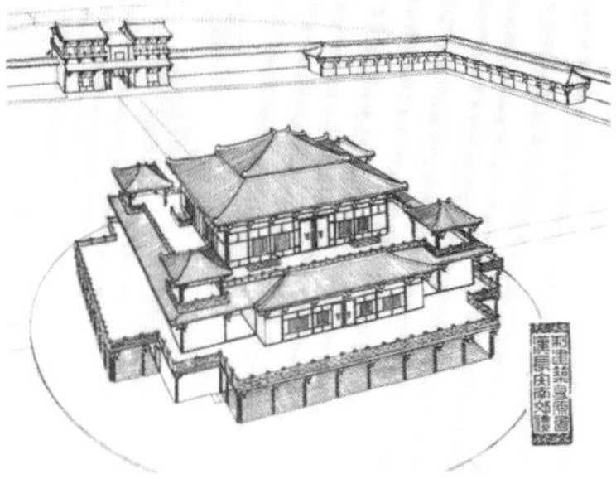

汉长安礼制建筑辟雍复原图

陵墓

从战国时期开始，墓室上逐渐出现了封土形制为“方上”的做法。至秦汉时期，墓葬封土已经成为普遍采用的方式，秦始皇陵堆土为山，高大宏伟，是早期帝王陵墓的代表。

西汉的帝陵承继了秦制，其位置在陕西省西安市与咸阳市，分布于渭水南北，封土高大，底面为方形，整体呈覆斗状，陵墓群布局集中，极为壮观。（图2-19）

纵观秦汉至南北朝时期的陵寝布局，可以清晰地看到，人们对建筑群总体形象和氛围塑造极为重视，如汉代大墓前神道两侧常布置有高大精美的双阙，用以烘托纪念性气氛。据文献记载，最早的墓阙应为西汉大将军霍光墓前的“三出阙”，即阙上按顺序安排有高低错落的三座屋檐，主阙最高，主阙外侧的两重子阙屋顶次第降低，这是一种最尊贵的阙制。现存汉代至魏晋时期的墓阙共约30处，多为东汉遗存，有的稍晚至魏晋，均为石造，大体分布在四川、河南、山东各省，其中以东汉建武十二年（36）的四川雅安高颐阙最为精美。（图2-20）

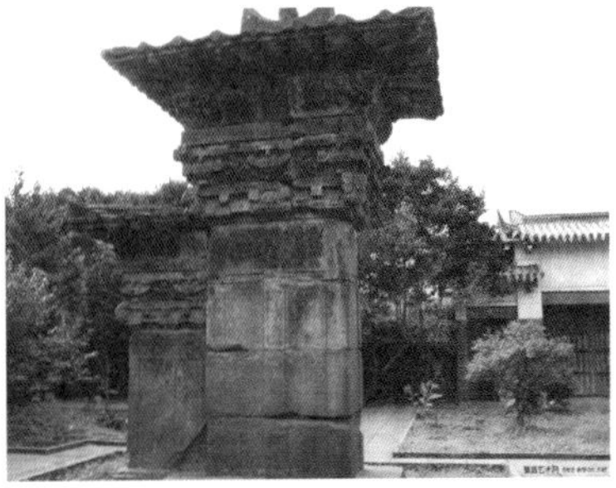

高颐阙

民居

汉代的居住建筑已经十分发达，出现了各种合院式建筑，建筑的防御性很强。大型的宅邸前也会设置高大的门阙，有的宅院还布置有私家园林，开后来历代住宅附建宅园的先河。(图2-21至图2-24)

汉代住宅示意图

佛寺

公元220年后，魏、蜀、吴三国鼎立，经过西晋暂短的统一，中国进入东晋、南北朝时期，匈奴、氐、羌、鲜卑等少数民族入居内地，在激烈的冲突中又形成了新的民族融合。与社会动荡的格局相适应，这一时期（220—589），建筑的发展主要表现在宗教建筑方面，出现了大量佛寺，如北魏统治的区域内建造了3万多所佛寺，梁武帝时，仅建康一地的佛寺就达480多所，僧尼达10万多人。（图2-25）

图 2-9 八达岭明长城

在中华大地上，从东到西，从河北、北京、山西到陕西的黄土高原与沙漠、宁夏的黄河滩和贺兰山，再到甘肃河西走廊的雪山绿洲及戈壁，横亘着数千里的长城，其每一块砖、每一块石、每一筐土无不凝聚着无穷的人力和智慧，是耗了上千年的时间和无数人的血汗才筑就的世界奇迹，是我们祖先留给中华民族乃至全人类最珍贵的文化遗产之一。

历史上曾经有五次大规模修筑长城的高潮期，分别是战国时期、秦始皇时期、西汉、北朝和明朝，现存长城多为明代时修筑，最新公布的数据包括辽东与青海边墙，长度达 8851.8 千米。

古代中国为什么要修筑如此浩大的工程？主要是出于民族和地理形势的原因。古代中国长城的修筑地域大致与 400 毫米等降水线重合，这条降水线也是农耕文明与游牧文明的天然分界线，是汉人和少数民族的自然分野。古代中国北方的少数民族如匈奴、鲜卑、突厥等十分强大，为了部族的发展，他们千方百计闯进中原，小则烧杀掠夺，大则图谋江山，长城就成了抵御北方少数民族入侵的屏障。而对于以农耕为经济来源的中央集权制社会来说，地界与秩序的稳定也是至关重要的。因此，对于社稷而言，建造长城以稳定边界极为重要。

图 2-10 山海关

山海关依山傍海，因此得名。山海关位于河北省秦皇岛市东北 15 千米处，是明长城的东北关隘之一，有“边郡之咽喉，京师之保障”之称。山海关城周长约 4 千米，与长城相连，以城为关，城高 13 米，厚 7 米，有四座主要城门以及多种防御建筑。

图 2-11
嘉峪关

嘉峪关号称“天下第一雄关”，位于甘肃省嘉峪关市西 5 千米处最狭窄的山谷中部，城关两侧的城墙横穿沙漠戈壁，北连黑山悬壁长城，南接天下第一墩，是明长城最西端的关口，历史上曾被称为河西咽喉，因地势险要，建筑雄伟，有“连陲锁钥”之称。嘉峪关与万里之外的山海关遥相呼应，闻名天下。

图 2-12
甘肃省敦煌汉长城遗址

秦代和汉代是集中修建长城的两个高潮期。秦统一中国后，对建于七国诸侯间的旧有长城进行了平毁，但为防止匈奴向南侵扰，又将原来燕、赵、秦国所筑的北方长城加以整修、连接与扩建。汉武帝派大军从正面击垮匈奴，打通了通往西域的商路，大规模的商队得以沿此路往来。为保护边疆与丝绸之路，汉朝修筑了从内地延伸至西域的长城，据称超过了 6000 千米。

图 2-13 长城上的烽火台

长城上建有大量的墩台、城障和城堡，由此构成了完整的军事防御体系。燧和墩都是长城上燃放烟火的地方，烟墩设于墙外，一般都在高山之顶或平地转折之处，墩上建有房屋可驻守兵卒，报警时白天燃烟，晚上举火。

长城上的烟火用于军事报警，不能随意点燃。西周时期的周幽王却把烽火视为博取自己宠妃欢心的工具，为博褒姒一笑，竟然点燃了烽火台，褒姒看后果然哈哈大笑。周幽王很高兴，因而又多次点燃烽火，但因此也戏弄了诸侯，诸侯们渐渐也就不相信烽火的作用了。后来犬戎攻破镐京，当周幽王再点烽火时，诸侯们一个也没有来，最终周幽王被杀。“烽火戏诸侯”也成为最早的长城故事。

图 2-14
秦皇古驿道

秦皇古驿道位于河北省石家庄市井陉县境内，为冀晋通衢。古驿道虽经风雨剥蚀，但仍然保持了远古风貌，每一块石板历经车轮碾压和马蹄踩踏，已变得光滑可鉴，深及尺余的车辙历历在目，显示出当年这里车水马龙的繁华景象。

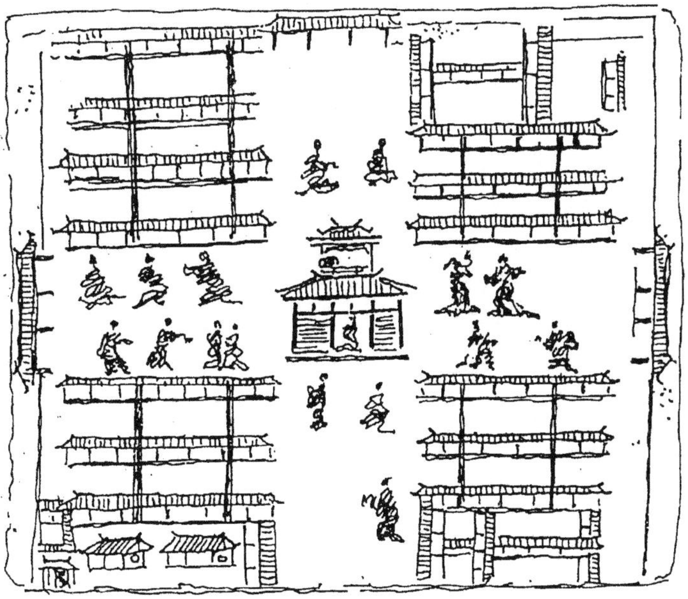

四川出土的东汉画像砖中的市肆

四川广汉出土的市井图砖

四川彭州市出土的市井图砖

图 2-15 汉画像砖中的市肆

汉代城市中已经出现了作为交易场所的“市”，四川省成都市新都区新繁镇发现的画像砖就清晰地描绘了东汉时期四川地区城市中“市”的格局。其平面呈方形，围以院墙，三面正中各有三开间的门，门内有被称为“隧”的十字街道，街心有用于管理市场的市楼。在十字街的四隅各有多列平行屋，为各行业的店肆。

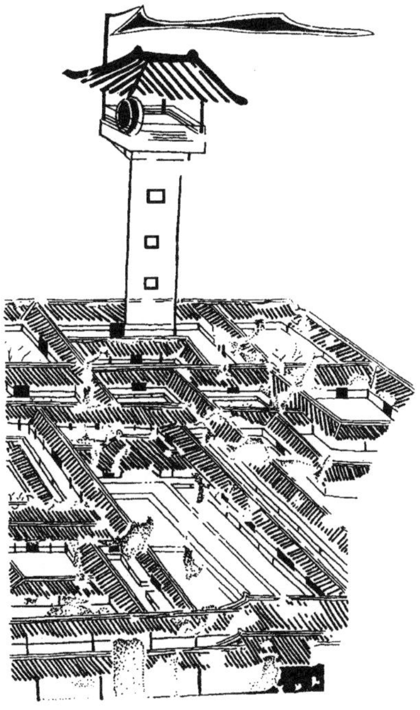

图 2-16 汉代壁画中的旗亭

从河北安平东汉墓中的壁画可以看出，在众多房屋之上，高耸着一栋碉楼，即旗亭，亭内悬挂着一面鼓，亭上飘扬着一面旗。所谓立旗以当市，故“市楼”又称“旗亭”，是管理市场的令署所在地。汉长安的旗亭高达五层楼，可以使官员俯察百街，起到瞭望和监察的作用。

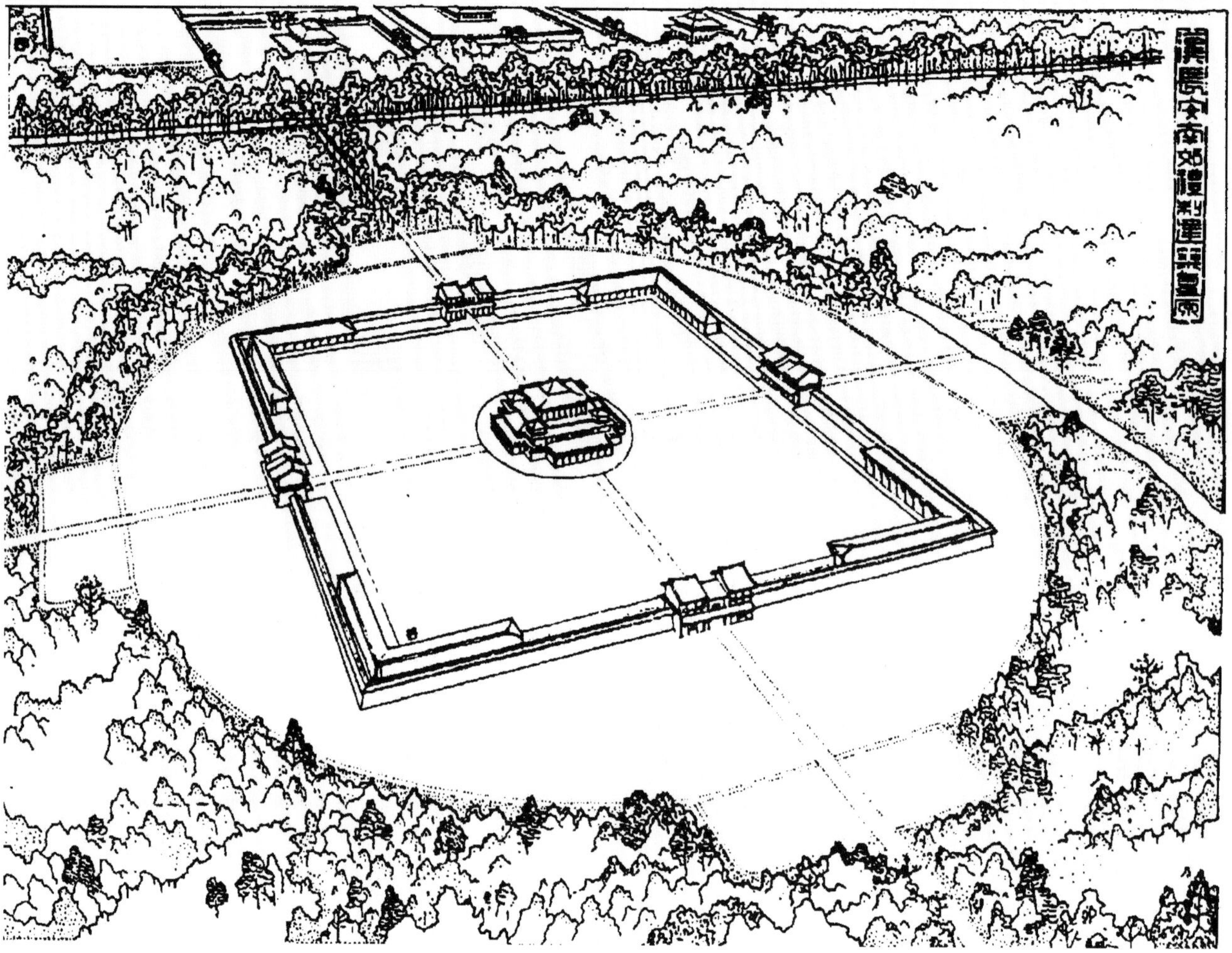

图 2-17
西汉长安南郊礼制建筑复原图

考古人员在原汉长安南门——安门——外大道东侧发现了王莽时期所建的一组将明堂、辟雍合二为一的祭祀建筑。其外围方院，院四面正中开门，院外环以水沟；院内四角建平面为曲尺形的角楼，院正中建有圆形夯土台，台上有折角平面呈十字形的建筑遗址，原为一座三层的高台建筑。

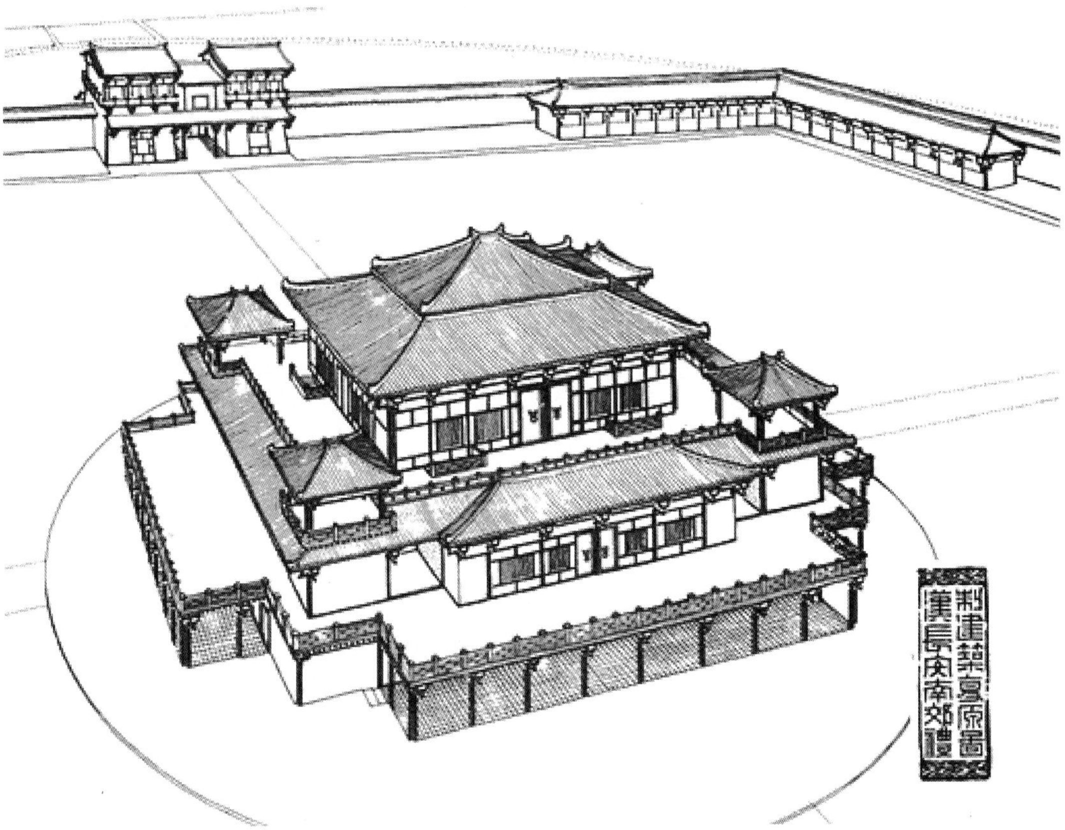

图 2-18 汉长安礼制建筑辟雍复原图

辟雍的建筑布局和命名极富寓意和象征性，下层四厅及左右夹室共为“十二堂”，象征一年的十二个月；中层每面各有一堂，南称“明堂”，西名“总章”，北为“玄堂”，东呼“青阳”，为告朔之处。在上层台顶的中央建有“太室”，其四角有小方台，台顶各有一亭式小屋，为金、木、水、火四室，与土室（即中央的“太室”）一起用来祭祀五帝。辟雍的中心建筑与四周附属建筑遥相呼应，加上院庭广阔，产生了恢宏的气度，显示了祭祀建筑的特性。

图 2-19
茂陵

西汉的帝陵数量庞大，分布集中，包括高帝长陵、惠帝安陵、文帝霸陵、景帝阳陵、武帝茂陵、昭帝平陵、宣帝杜陵、元帝渭陵、成帝延陵、哀帝义陵、平帝康陵等 11 处帝后陵园、陵邑及其陪葬墓、从墓坑等。其中，除霸陵和杜陵分别位于渭河以南西安市东北和南郊外，其他各陵均处在渭河之北的咸阳市黄土台塬上。

茂陵位于陕西省咸阳兴平市，是汉武帝刘彻的陵墓，在西汉帝陵中规模最大。陵园呈方形，当年陵园内有许多殿堂、房屋等建筑，仅陵园管理人员就达 5000 人。茂陵陵体系夯土筑成，形似覆斗，庄严稳重。现存墓冢边长 240 米、高 46.5 米。在茂陵周围还有李夫人墓、卫青墓、霍去病墓等陪葬墓，与茂陵相互呼应衬托，构成气势恢宏的陵墓群。

图2-20 高颐阙

高颐阙位于四川省雅安市汉碑村。从汉代开始，就有在大墓前的神道两侧布置高大精美的双阙以烘托纪念性气氛的做法。高颐阙分东、西两阙，相距13米，阙身由5层石块砌筑而成，高约6米。两阙均有题款，阙的石座上雕有仿木蜀柱斗子，阙身雕枋子、斗拱棱角，四面有人物、车马、禽兽等浮雕，脊上镌刻着鹰口衔组绶。整个阙体比例恰当，造型简括，是汉代木结构建筑的忠实反映。阙前有一对石兽，雕刻手法刚劲有力，风格典雅古朴。

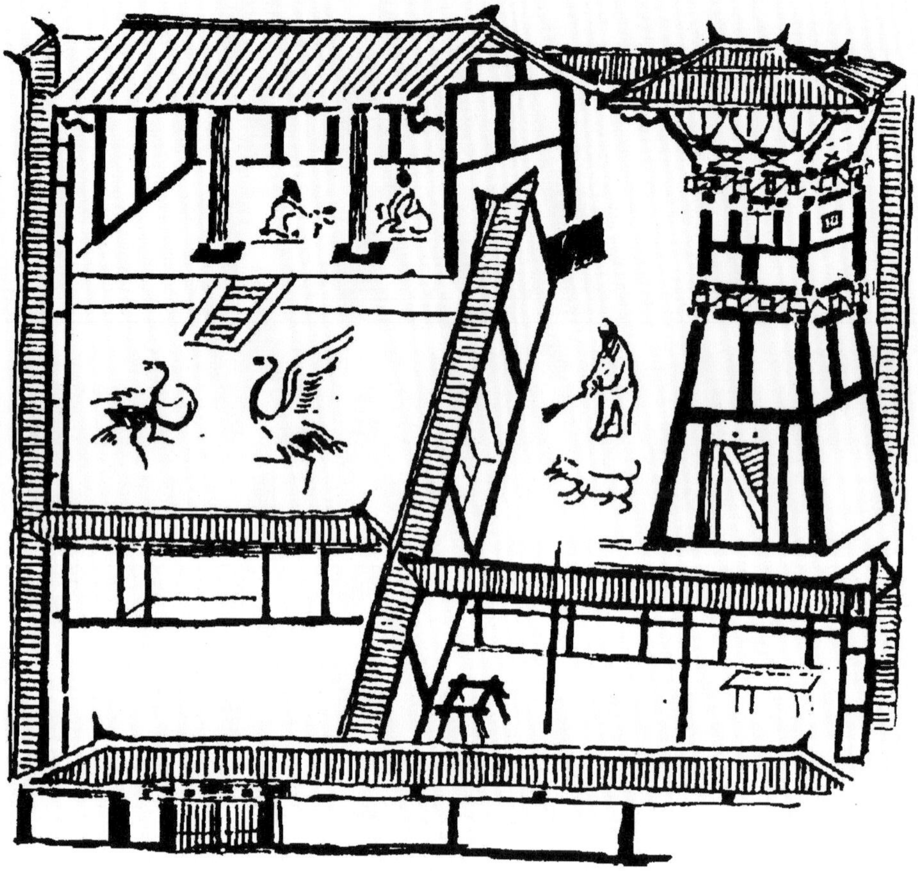

图 2-21
汉代住宅示意图

四川出土的画像砖中有平面呈田字形的住宅，表现为由廊庑围成的四合院。画面以左部二院为主，其中左部前院较小，在前廊上开有一座栅栏式大门，后廊正中开有中门；后院较大，院内有一座堂屋，屋内有主人对坐。画面中院落的右部也分为前后两小院，其中前院较小，院内有井、炊架和晒衣架，属服务性的内院；后院较大，院内建有一座高楼，形象类似阙楼和"观"，是瞭望守卫和储藏贵重物品的地方。

图 2-22
汉官宦与豪富的宅第示意图

画面中院内辟有广庭及房舍多重，形成前堂后寝的格局。入门处有双阙的布置，从其布局中可见，汉代住宅一般是入正门后经过前院至中门，正门及中门都可通车。正门之侧有屋舍，可作来宾的客房。中门里面的院子为正院，面积最大，正面坐落着高大的堂屋，这里是家庭生活的中心，也可用于接见和宴请宾客。堂屋的左右连接着被称为东、西厢的房间。

图 2-23
汉画像石中反映的园池

文献中记载汉代建章宫中开凿有太液池，池中堆筑象征东海"三神山"蓬莱、方丈、瀛洲的三座岛屿，池边种植雕胡、紫萚、绿节之类的植物，池中种植荷花、菱角等水生植物，成群的鹈鹕、鹧鸪、䴔䴖、鸿鶂，以及紫龟、绿鳖游戏于岸边，出现了用于射猎、走狗、跑马、坐船出游、宴乐、欣赏鱼鸟走兽、观看百戏杂耍等游乐活动的设施。

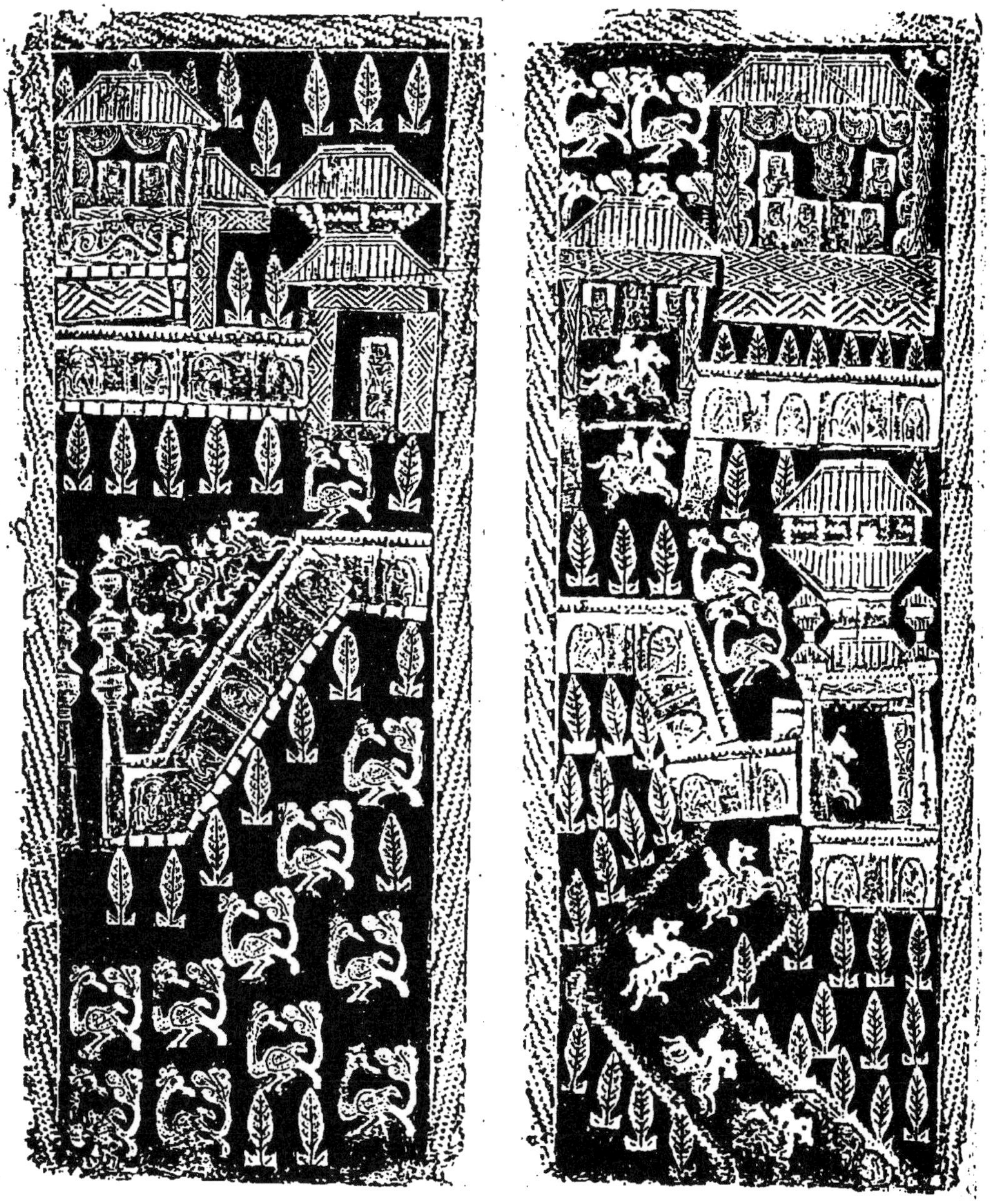

图 2-24
汉画像石中的园林景观

在汉代园林中已呈现出以人工模仿自然山水的早期写实主义特征，即以规模宏大的人工手段超自然地再现天然山水，如茂陵富人袁广汉所筑之园，激流水注其内，构石为山，高十余丈，绵延数里，养白鹦鹉、紫鸳鸯、牦牛、青兕，奇兽异禽，委积其间；积沙为洲屿，激水为波潮，其中江鸥海鹤，延漫林池，奇树异草，靡不培植，屋宇连绵，阁廊环绕。

图 2-25
嵩岳寺塔

嵩岳寺塔位于河南省登封市嵩山南麓嵩岳寺内，建于北魏正光年间（520—525），是中国现存最早的密檐式砖塔。塔的平面呈十二边形，塔高约 40 米，外部有密檐 15 层，内部依内檐分为 10 层。塔身中部以叠涩砖砌腰檐一周，将塔身分为上下两部分，下部素壁，质朴自然，上部的装饰丰富，变化多样。塔顶是硕壮的砖雕覆莲宝刹。整个塔身轮廓呈抛物线形，线条清晰流畅，整座塔雄伟秀丽。

第三章

盛世气象

（隋唐宋元时期）

经历了魏、晋、南北朝的动荡，隋唐统治者结束了分裂与纷乱的局面，重新建立起大一统的国家。这一时期，社会经济、文化得到了全面的发展，中华文明获得了创造性的跃升，建筑艺术也随之出现了空前繁荣的局面。

一、隋唐宋元时期的城市建设

商品经济的发展促进了城市的繁荣，唐宋时期，中国的古代城市建设进入了一个发展与变革的时代，一般城市的性质逐渐向商业化转型。同时，城市的景观也日趋艺术化。

隋唐统治者营建了当时世界上规模最大的城市长安城，城市面积达 84 平方千米，而历史上的著名古城巴格达、罗马、拜占庭分别仅有 30、14、12 平方千米。

唐宋时期，除了都城的建造外，一些地方城市依借其地域特点着意经营，形成了特殊的城市风貌，如苏州、杭州等。唐代诗人白居易的《九日宴集，醉题郡楼，兼呈周、殷二判官》就赞美了当时苏州里闾规整、水道纵横、桥梁错出的景象："半酣凭槛起四顾，七堰八门六十坊。远近高低寺间出，东西南北桥相望。水道脉分棹鳞次，里闾棋布城册方。人烟树色无隙罅，十里一片青茫茫。"

宋朝时期，少数民族建立辽、金等政权，长期与宋并存，同时又相互影响。少数民族政权建立的都城借鉴、模仿了唐、宋朝都城。与北宋呈对峙状态的辽效仿唐代里坊制兴建了辽中京和辽南京，与南宋对峙的金则仿效宋汴京营造了金中都，其后又出现了再现王城布局的元大都。元大都是与隋唐长安齐名的著名古代城市，也是严格按照预先的规划思想和原则建设起来的，布局严整，规模宏伟，建筑壮丽，堪称中国古代重要帝都。

隋唐时期的城市里坊制

隋唐时期，城市大都采用里坊式布局，分为外城和子城，外城称为郭，郭内建子城。子城是衙署集中的地方，也包括仓储、军资存放和驻军处。子城外围划分成若干方形或矩形居住区，各区用坊墙封闭，称坊或里，并选择一至数坊的地盘建封闭的市场。在排列规整的坊市间修建方格网式的街道，由此形成的里坊式布局成为隋唐城市最大的特点。里坊制度禁止居民夜间外出，类似现在的“宵禁”，实际上近似军事管制。

宋朝城市的街巷布局

宋代经济空前繁荣，城市管制渐渐放开，城市功能逐渐由政治军事向经济商业转型，最终出现了以北宋汴京为代表的商业城市，破除了唐以来的里坊制，实行开放的街巷布局。由于里坊被街巷取代，截然不同的城市面貌产生了，城市充满了生气，街景显得十分繁华，北宋画家张择端的《清明上河图》详细记录了汴京的繁荣景象。（图3-1）

《清明上河图》（局部）

图 3-1
［北宋］张择端
《清明上河图》

北宋张择端的《清明上河图》是中国传世名画之一，画作描绘了北宋时期都城汴京汴河两岸的自然风光和繁荣景象。在长达 5 米多的画卷里，画家绘制了数量庞大的各色人物和牛、骡、驴等牲畜，其中的车、轿、大小船只，以及房屋、桥梁、城楼等各具特色，体现了宋代建筑的特征。

二、隋唐宋元时期的建筑特色

唐宋时期，无论宫殿、陵墓，还是寺观、园林，都注重文化的表达和艺术的体验，建筑的内部、外部空间和建筑的单体、群体造型均着意追求序列、节奏、高下、主次的变化。

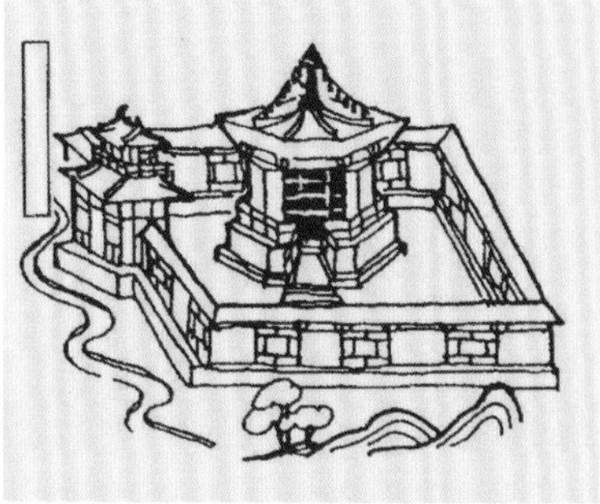
敦煌壁画中的唐代小型佛寺布局示意图

多进院落群得到了极大的发展

隋唐时期，院落的布局和院落群的组织日益成熟，成为这一时期古代建筑艺术的一个重要方面。这一时期较大的宫殿、官署、宅第、寺观都是由多个院落组织起来的，若干庭院前后串联形成一条纵轴线，称为“路”，每重院落又称为“进”。若干路的院落东西并列，组成宫殿或寺观整体，以其中一路为主轴线。敦煌唐代壁画反映了唐代院落的一些形象。（图 3-2 至图 3-3）

唐宋时期发展起来的这种大型院落组合在建筑艺术上形成了特殊效果，并具有许多优点。把主要建筑面向庭院布置，可使其不受外界干扰，形成特殊的内聚性环境，同时可以按建筑的性质、功能和艺术要求进行设计，以长宽、纵横、曲折、多层次等不同空间形式的院落衬托主体，造成开敞、幽邃、壮丽、小巧、严肃、活泼等不同风格和氛围的环境。

此外，通过对院落的门、道路、回廊等进行合理设计，组织建筑的最佳观赏点和观赏路线，营造出变化的院落景观。如天津市蓟州区的独乐寺，游人站在山门中心间可以发现，它的后檐柱及阑额恰好是嵌入观音阁全景的景框，这显然是精心设计的结果。

由多所院落串联或并列组成的大型建筑群，正是通过不同院落在体量、空间形式上的变化、对比，取得了突出主院落和主体建筑的效果，使得整个建筑群主次分明，既统一又富有变化。（图 3-4）

组合形体日趋丰富

随着院落的发展，唐宋建筑的组合形体日趋丰富。对以屋顶为主要造型手段的中国传统木构建筑而言，组合形体无疑为建筑的表现潜力提供了极大的可能性。两宋时期，建筑组合造型更趋丰富和巧妙，在外观最突出之处，各种屋宇组合在一起，或互相叠压，高

复建后的滕王阁

下错落；或势合形离，翼角交叉。从宋代绘画中均可看出当时建筑群的绚丽风貌，它们反映了宋代建筑丰富的造型和宏丽的气象。（图3-5至图3-7）

明皇避暑图

营造技术趋向合理化、系统化

在营造技术方面，唐宋时期建筑的模数制度、构件的制作加工与安装、各种装修装饰手法的处理与运用，都趋向合理化、系统化，北宋时期颁布的《营造法式》详备地记述了该时期建筑艺术与技术等方面的成就。书中详列了13个建筑工种的设计原则、建筑构件加工制造方法，以及工料定额和设计图样，是中国古代木结构建筑体系发展到成熟阶段的一次全面的总结。

《营造法式》虽是一部官书，主要讲述统治阶级的宫殿、寺庙、官署、府第等建筑的构造方法，但在一定程度上反映了当时整个中原地区建筑技术的普遍水平，直接或间接地总结了中国11世纪建筑设计方法和施工管理的经验，反映了工匠对科学技术掌握的程度，是一部凝聚着古代劳动工匠智慧和才能的巨著，也是迄今所存中国最早的一部建筑专著，对研究唐宋建筑乃至整个中国古代建筑的发展，特别是中国古代建筑技术的成就，具有重要意义。（图3-8）

宋《营造法式》大木作示意图

受营造技法的影响，建筑艺术与结构高度统一是唐宋建筑的一大特色，建筑物上没有纯粹为了装饰而附加的构件，也没有歪曲建筑材料性能使之屈从于装饰要求的现象，屋顶挺括平远，门窗朴实无华，斗拱的结构职能也极其鲜明。在细部处理上，柱子卷杀与斗拱、昂嘴、耍头、月梁等构件造型的艺术处理都能使人体察到构件本身受力状态与形象之间的内在联系，给人以庄重、大方的印象，反映了这一时期建筑艺术的审美取向。

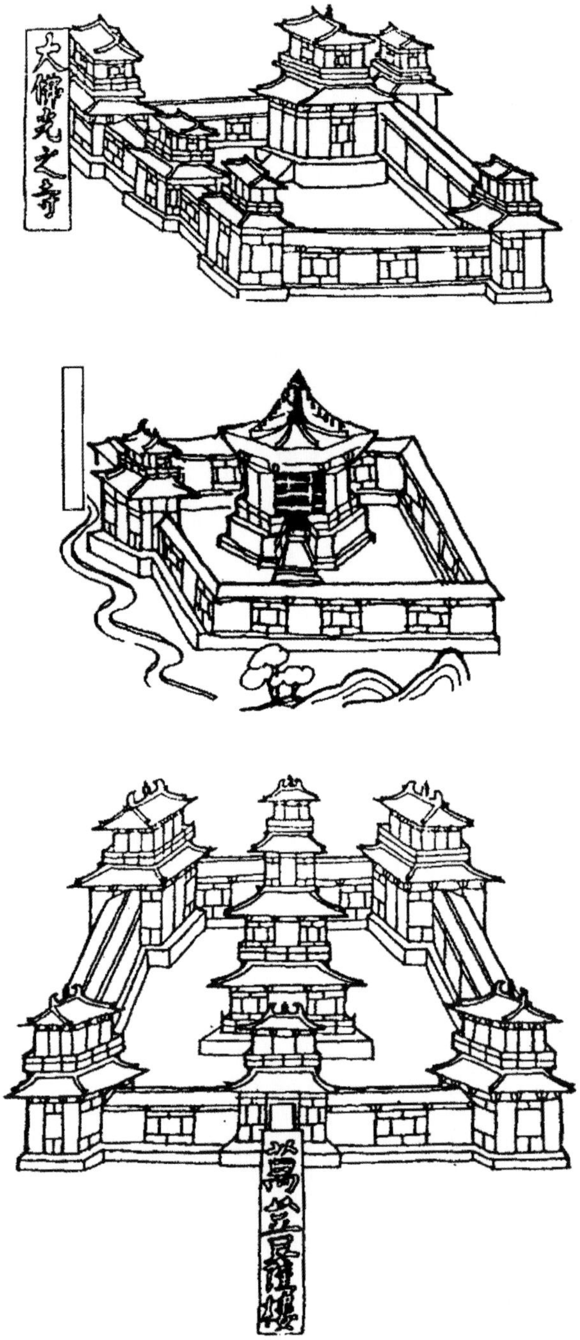

图 3-2
敦煌壁画中的唐代小型佛寺布局示意图

唐代壁画中反映出的单座院落的大小规模主要表现在尺度和门殿数目上。最简单的为一门一厅，用回廊围成矩形院落。稍大者可有前后两厅，即在前述院落中再建一厅，形成前后二厅相重的布置。再大者在前厅左右也建廊，院落平面遂呈“日”字形。规模再大者，可在门、前厅(殿)、后厅(殿)左右建挟屋或朵殿。最高规格则在挟屋、朵殿基础上再于东、西廊开东、西门，并在回廊转角处建角亭。

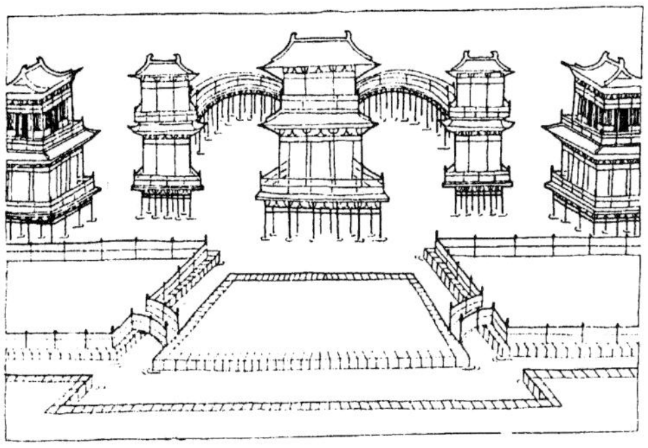

敦煌莫高窟初唐第 205 窟壁画“凹”字形平面布局佛寺

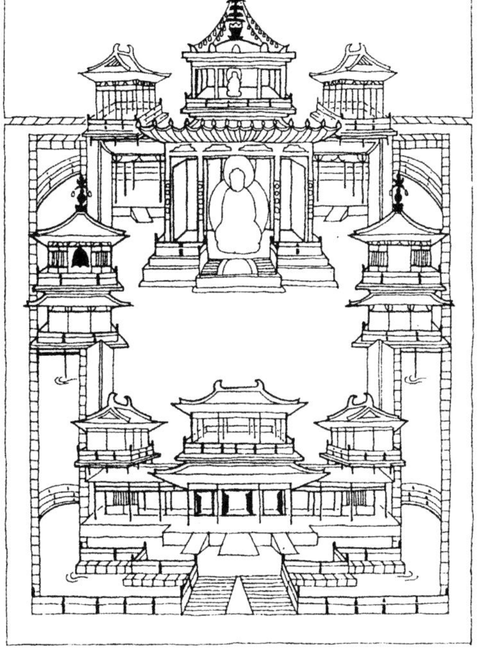

敦煌莫高窟中唐第 361 窟壁画佛寺

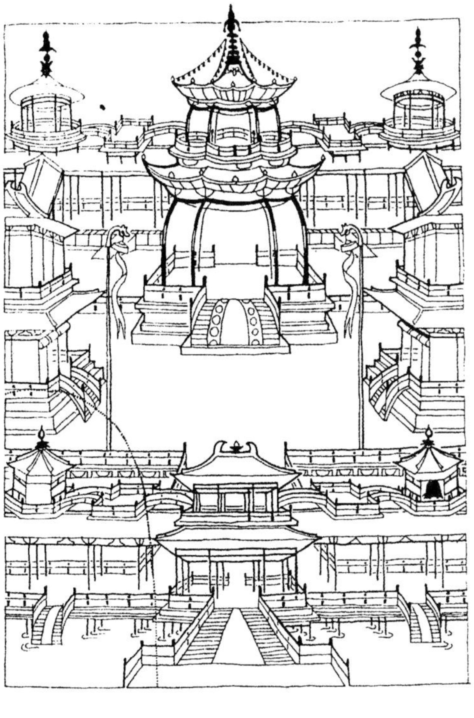

敦煌莫高窟中唐第 361 窟壁画佛寺

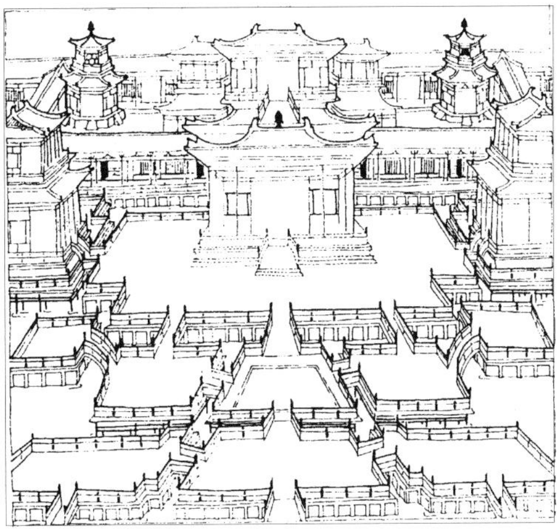

敦煌莫高窟晚唐第 85 窟壁画佛寺

图 3-3 敦煌壁画中的唐代大型佛寺布局示意图

敦煌壁画反映了唐代大型佛寺院落的布局和建筑形象。由《观无量寿经变图》中所绘得知，大型佛寺在中轴线上建有两座或三座高大的殿宇，位于后面的建筑通常为两层高的楼阁，左右为单层配殿或两层楼阁，周围建回廊，转角处有角楼高耸，形成丰富的布局形式。

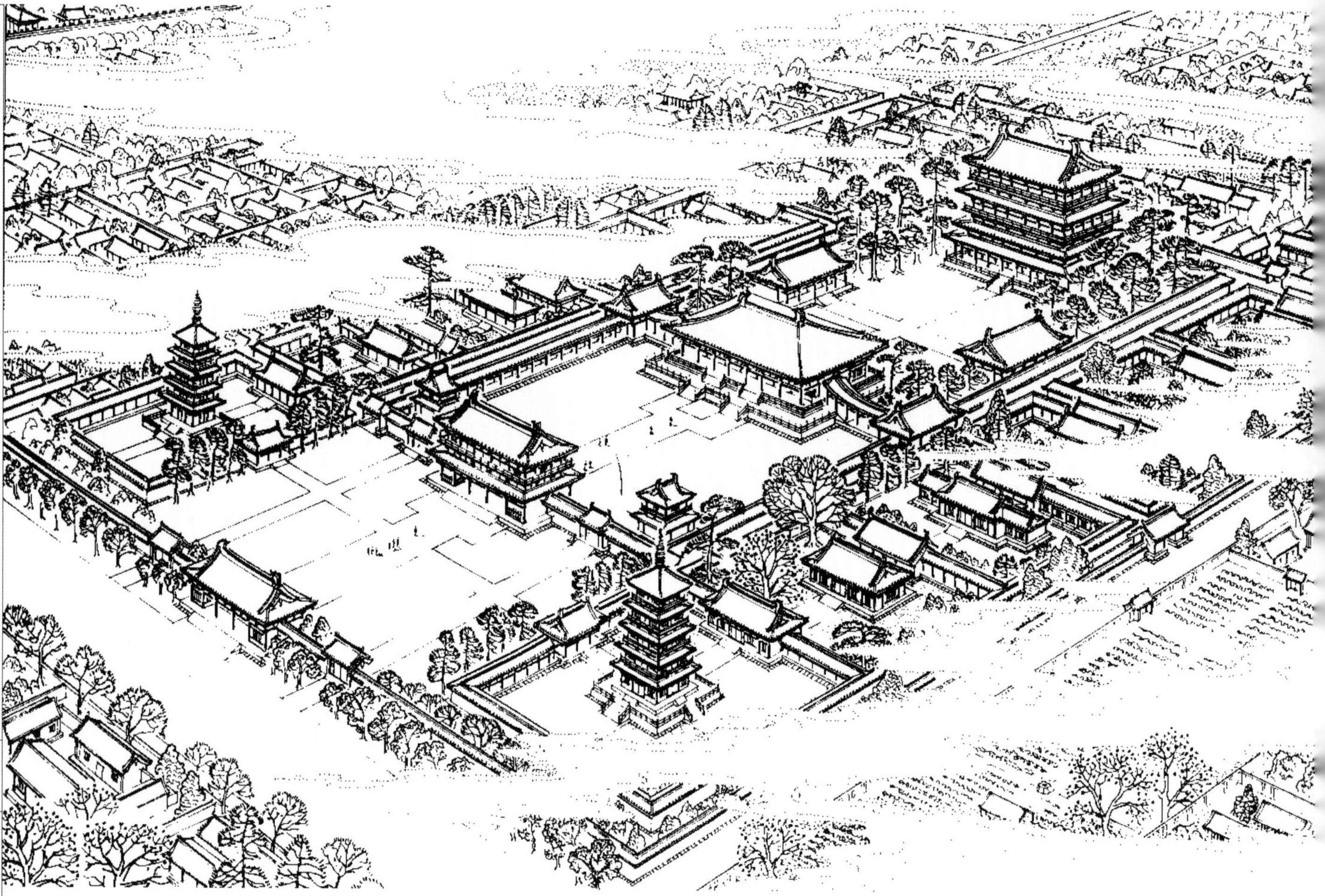

图 3-4 唐代悯忠寺复原图

唐代悯忠寺故址在北京市西城区南横西街，原是一组大型的唐代佛教寺院。645 年，唐太宗李世民决定在幽州（现在的北京）城内建一座寺庙，以纪念跨海东征中死难的将士。但寺庙还没有建成，李世民就去世了。后经高宗李治、武则天多次降诏，于 696 年建成，被命名为“悯忠寺”。历经 51 年建成的悯忠寺规模宏大，寺内建有一座高阁，名为“悯忠阁”。

图 3-5
宋人所画滕王阁

画面中主体空间高大宽敞，在临江一侧有横向的单层歇山式抱厦，并以侧廊与主体空间互相啮合，使内部空间延伸相通，适于游客驻足凭眺，同时反衬了主体空间的高大。主体空间两侧横向凸出的楼阁及门罩，起到强调主体空间中心位置的作用，同时也强调了整个组合空间的朝向，与主体空间一起形成了既主次有序又变化多样的有机空间组合。

图 3-6
复建后的滕王阁

贾德斌摄影

图 3-7
明皇避暑图

《明皇避暑图》画面布局饱满，气象宏大，其建筑以山水衬托。在这幅图中，建筑组合尤其具有造型意义，各种形式的屋宇组合在一起，低矮平和、神态娴静的临水台榭与嵯峨崔巍、气宇轩昂的十字高阁相映成趣，再现了组合群体富于韵律变化的造型美，融自然、空间、造型于一体，再现了中国古典建筑艺术的神韵。

图 3-8
宋《营造法式》大木作示意图

宋《营造法式》一书中的单体建筑立面图反映了当时工匠们对木构建筑的比例权衡有着全面系统的理解，这体现在其材分制的模数中，诸如面阔与进深、柱高与柱径、檐口与台基的伸出比例关系等，还包括柱子的收分与侧脚、梁架跨度与高度之比等，也包括建筑各部构件的权衡。明清时期以斗口形式继承了这种模数制度，比例关系也更为细致精确。

三、隋唐元宋时期的著名建筑

宫殿

秦汉时期的高台建筑此时已衰落，宫殿演变成建在高台基上的单栋建筑和辅助房屋，殿宇的尺度变小而数量增多，导致向纵、横两个方向发展而形成并列的多进院落群。大型的宫殿、官署、寺庙等都由庞大的院落群体组成，殿宇的大小、高低变化和院落的阔狭各不相同，主体建筑的前面有门殿，左右有庑或配房，用回廊或墙连接，围成气势开阔、宏伟壮丽的院落，形成不同的空间形式和艺术面貌。唐代大明宫是唐长安宫殿中最雄伟的一组建筑群，其中最重要的建筑为含元、宣政、紫宸三大殿，以及位于大明宫北部太液池之西的麟德殿。（图 3–9 至图 3–10）

唐含元殿复原效果图

陵墓

自唐太宗起，新建的唐代昭陵以层峦起伏的山峦为背景，所谓依山为陵，衬出帝陵的伟岸。唐代帝陵的陵域一般分为陵墓和寝宫两部分，陵即坟墓，有隧道通至墓室，称“玄宫”，是存放遗骸之处。陵外有两重围墙，内重围墙包绕陵丘或山峰四周，平面呈方形，每面开一门，各设门楼，依东、西、南、北方位分别称青龙门、白虎门、朱雀门、玄武门。在正门朱雀门内建献殿，用于举行大祭典礼。朱雀门外向南辟“神道”，在神道两侧设石柱、翼马、石马、碑、石人、蕃酋君长像等，形成了一套完整成熟的手法和制度，并一直影响宋、明、清各代。（图 3–11）

北宋陵寝在沿袭唐代制度基础上改变了汉唐以来预先营建寿陵的做法，皇帝的陵寝要等死后才开始建造。由于时间短，每一座陵园的规模气势已远不如唐代。宋陵的设计理念由崇高的个体形象创造向统一的群体空间环境创造过渡，特别是由各组陵墓组合而成的陵区所产生的氛围与前代个体陵墓的高大体量所造成的印象完全不同，旨在营造更趋宁静平和的感染力。（图 3–12）

唐昭陵

宋永昭陵

风格各异的隋唐宋元单体建筑

在单体建筑的造型上，隋唐建筑简朴、浑厚、雄壮、庄严，以山西五台山佛光寺大殿（图3-13至图3-16）和南禅寺大殿为代表。两宋时期的单体建筑呈现出与唐代不一样的风格，更趋向工整、精巧、柔和、绚丽，如山西晋祠圣母殿（图3-17）、浙江宁波保国寺大殿。

另外，山西应县木塔（图3-18至图3-19）和天津蓟州区的独乐寺观音阁，分别是中国现存最高的木塔和最古老的楼阁建筑。

1206至1368年，蒙古族在中国建立了强大的元朝。由于蒙古族的游牧文明一度取代农耕文明并占据支配地位，给原先中原大地的农耕文明造成了巨大的损害，但是商业、手工业经济继续发展，并在原有农耕经济体制内形成了一股具有相对独立性的社会经济力量。元代阶级关系和民族矛盾较为复杂，社会动荡不安，也使建筑的发展处于相对停滞和凋敝状态，建筑的气势与规模已经难与唐宋时期相比，建筑类型与装饰也相对趋于简化，建筑技术上除吸收某些外来技艺外，对唐、宋、金传统技术未有明显突破。

佛光寺院落景观

佛光寺东大殿

图 3-9
唐含元殿复原效果图

含元殿是唐大明宫内的前朝第一正殿，是举行国家仪式、大典之处，也是唐长安城的标志性建筑。含元殿极宏伟，殿身面阔十一间，进深三间（59.2 米 ×16 米）。含元殿主体为单层，重檐庑殿顶，东西两侧伸展出左右廊道，廊道两端南折斜上，连接建于斜前方高台上的翔鸾、栖凤两阁。两阁东西相距 150 米，与主殿构成“凹”字形平面组合，共同围合出大殿前 600 米长的前视空间，气势宏大，展示了盛唐建筑的雄健与豪放。

含元殿于 663 年建成，唐末被毁，在此期间的 200 余年当中，历经了地震和几次大风、大雨的自然损害，不断有维修，但始终未见有重大拆改或重建的记录。遗憾的是，如此壮丽的宫殿，于 886 年毁于战火。

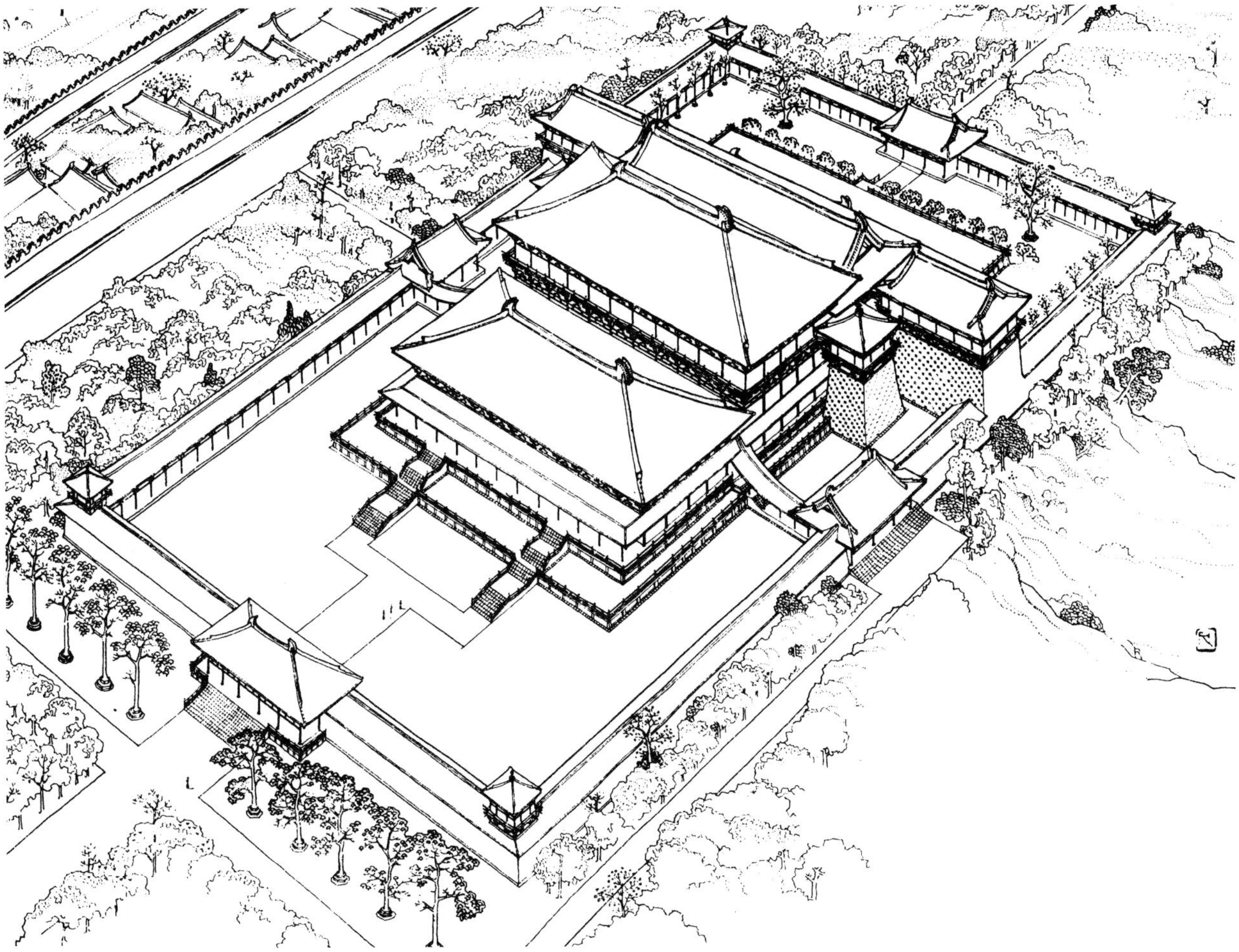

图 3-10 唐麟德殿复原图

麟德殿是唐长安城大明宫的国宴厅，也是大明宫中最主要的宫殿之一。麟德殿以数座殿堂高低错落地组成，主体建筑坐落于两层高的大台座上，左右各置有一个方形的高台，台上建有单层的东亭、西亭，以弧形飞桥与中殿上层相连通。在与后殿平行的位置又于左右分置矩形高台，台上建郁仪楼和结邻楼，也以弧形飞桥与后殿上层相连通，极为壮丽。麟德殿是迄今所知唐代建筑中形体组合最复杂的大建筑群。

图 3-11 唐昭陵

唐昭陵位于陕西礼泉县城东北的九嵕山，是唐太宗李世民的陵墓，由唐朝将作大匠阎立德、阎立本兄弟精心督造。九嵕山为道教名山，其“九峰俱峻”，形同笔架。陵墓凿山而建，在山峰底部建地下宫殿，创建了依山为陵的形制。陵园仿照唐长安城的规制设计，昭陵周围共有 180 余座陪葬墓，绵亘数十里，是中国历代帝王陵园中规模最大、陪葬墓最多的一座，气势宏大，蔚为壮观。昭陵祭坛东西两庑房内置有 6 匹石刻骏马浮雕像，即著名的“昭陵六骏”。

图 3-12 宋永昭陵

宋永昭陵位于河南省巩义市嵩山北麓，是北宋第四代皇帝宋仁宗赵祯的陵墓，也是宋陵的代表。永昭陵自鹊台至北神门的南北轴线长 551 米，两侧柏树成行，四周也密植柏树，突出了陵区空间环境肃寂的氛围。

图 3-13 佛光寺山门

山西五台山佛光寺始建于北魏 447—499 年，唐武宗会昌五年（845 年）因灭佛，寺庙被毁，唐宣宗年间，于 855—856 年重建。其后五代、宋、金、元、明、清历代屡次修葺和扩建，使寺庙成为国内荟萃五代、宋、金、元、明、清各代多种建筑风格的孤例。

图 3-14
佛光寺院落景观

佛光寺面积约3.42万平方米，围墙全长530米，今存殿堂17间，楼房6间，窑洞26孔，其他各种房间72间。寺宇因山建造，高下叠置，坐东向西，北、东、南三面环山，西面低下而疏朗开阔。寺庙内古松挺拔，峰峦叠翠，曲径通幽。殿堂气势壮观，院落开阔。寺内各种建筑高低错落，主次有序，以东西纵轴线为主，南北横轴线为辅，两条轴线上均为三座庭院。这种布局形式使佛光寺既具有一般佛寺均衡对称、排列有序的特点，也具有园林建筑自然有趣、灵活多变的特色，是佛教建筑与中华民族审美情趣自然融合的“交响乐章”。

图 3-15 佛光寺东大殿

佛光寺大殿位于山西省五台县佛光新村佛光寺内，是现存最完整、体量最大的唐代木结构建筑。大殿面阔七间，进深四间，宽大而低矮的台基上矗立着古朴而坚实的殿身。柱头上的斗拱硕大雄健，支撑起出挑深远的屋檐。平缓的屋面饰以朴素的灰瓦，正脊两端装饰了高大的鸱吻，整体造型端庄稳重，体现了唐代建筑的气度。

佛光寺大殿的发现与我国著名建筑学家梁思成及其夫人林徽因密切相关。梁思成最早在法国汉学家伯希和拍摄的敦煌莫高窟第 61 窟壁画的照片上认识了佛光寺，而在当时，日本人以嘲讽的口气给中国古代建筑下了一条定论：在中国已经没有唐代的木构建筑，要看中国唐代木构建筑，就去日本的奈良、京都吧。1937 年 6 月，梁思成与夫人林徽因来到佛光寺。在这里，他们惊喜地发现佛光寺大殿为唐代建筑，由此确凿无疑地证实：中国有唐代木构建筑，日本人的“定论”可以休矣！梁思成激动地称其为“中国第一国宝 ”。

图 3-16 佛光寺东大殿鸱吻

鸱吻，又名“蚩吻”“螭吻”，是中国古代神话传说中的神兽，形状像剪去了尾巴的四脚蛇，喜在险要处东张西望，也喜欢吞火。鸱吻在中国古代建筑中作为饰物一般置于屋脊正脊两端，象征辟除火灾。

图 3-17
晋祠圣母殿

圣母殿位于山西省太原市晋祠内，创建于1023—1032年，是现在晋祠内最古老的建筑。大殿面阔七间，进深六间，四周环廊，大殿正面8根下檐柱上有精巧传神的木制雕龙缠绕，即《营造法式》所载的缠龙柱，这也是现存宋代盘龙柱的孤例。大殿屋顶为重檐歇山顶，上覆黄绿琉璃瓦剪边，有雕花脊兽。殿内主像圣母端坐于神龛里，神态端庄，龛外两侧有42尊侍从像分列左右，皆神态逼真，形象细腻，表现了当时宫廷生活的场景。

图 3-18
应县木塔

应县木塔坐落于山西省应县西北佛宫寺内，原名“佛宫寺释迦塔”，建于 1056 年。塔的总高度为 67.31 米，是世界上现存体量最大、最高的一座木塔，也是中国保存最完整的木塔，与意大利比萨斜塔、巴黎埃菲尔铁塔并称“世界三大奇塔”。

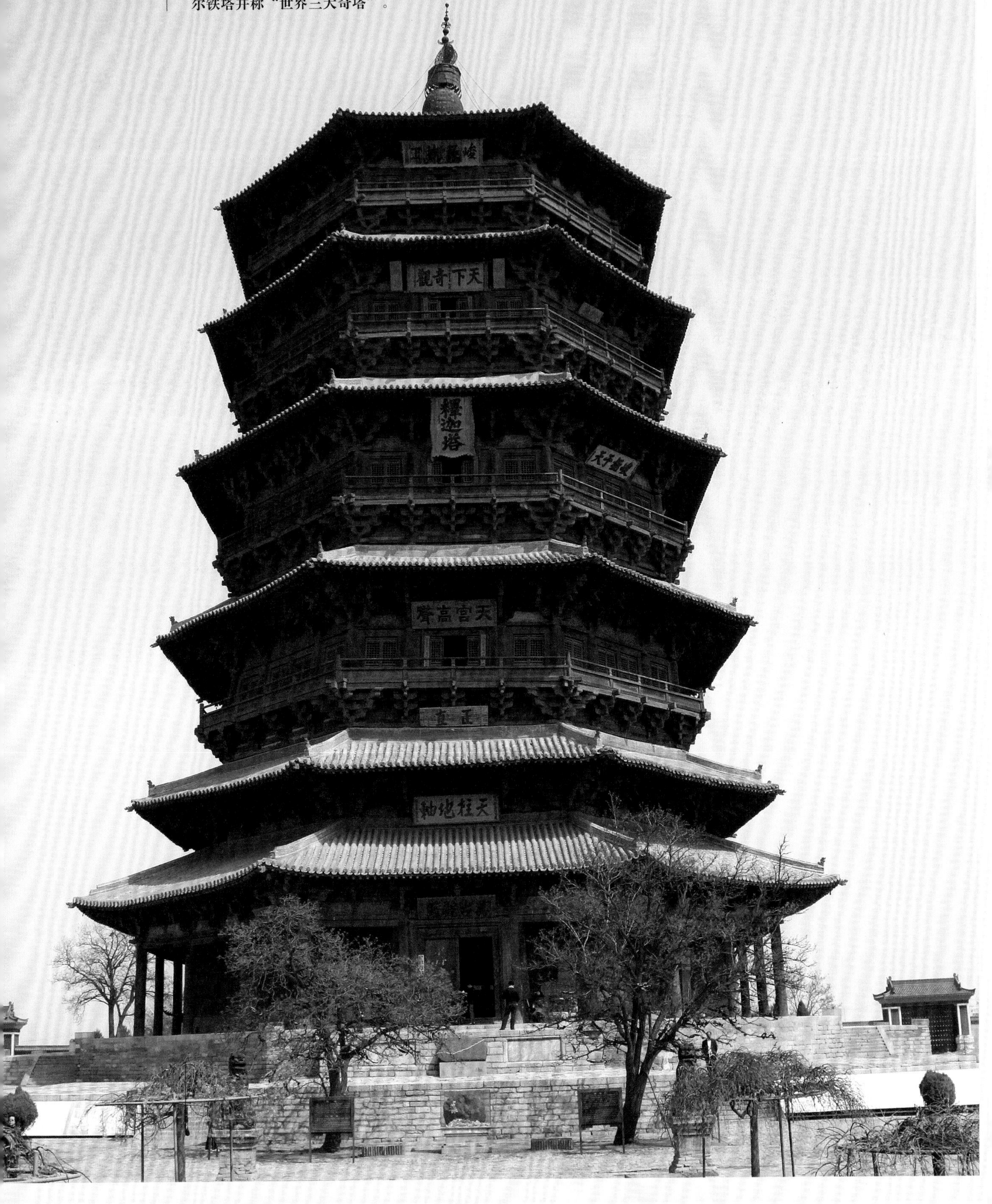

图 3-19 应县木塔平面图及剖面图

应县木塔建造在 4 米高的台基上，塔高 67.31 米，底层直径 30.27 米，平面呈八边形。塔的外观为 6 层，内部有 9 层，各层的出檐虽然深远，但起翘并不显著，这与该塔的整体造型比例和所处的北方地理环境非常协调，富有唐代敦厚浑朴的建筑遗风。

应县木塔的造型设计较充分地反映了当时建筑匠师构思的精湛。塔身自下而上有节制地收分，每一层檐柱均比下一层向塔心内收半个柱径，同时向内倾斜成侧脚，造成塔的总体轮廓向上递收的动势。与此相应，各层檐下的斗拱由下至上跳数递减，形制亦由繁化简，全塔内、外檐斗拱共有 54 种，集各式斗拱之大成，依照木塔总体轮廓所需调整各层屋檐的长度和坡度，体现了工匠精湛的技艺。

艺术中国·建筑 Art in China · Architecture

第四章

再续辉煌

（明清时期）

明清两朝是中国历史上社会、经济、文化等方面持续发展的时期，建筑也得到了全面的发展，城市、宫殿、民居、园林等百花齐放，丰富多彩，达到了中国传统建筑的最后一个高峰。

一、城市

明代初期至中期，社会经济迅速恢复和发展，这一时期的城市文化异常繁荣。明王朝建造了南京（图 4-1）、凤阳和北京三座都城。这一时期以北京为代表的都市建设掀起了中国古代城市建设与建筑发展的又一高潮，其在规划思想、布局方式和城市造型艺术上，继承和发展了中国历代都城规划的传统，是对中国古代城市艺术的总结。

除都城外，明清时期各地兴建了一批不同类型和规模的地方城市，其中较典型的有作为地方行政中心的府城或县城，如明代西安城、平遥古城、辽宁兴城、江苏常熟古城等。还有作为地区性经济中心的城市，如明朝的物资集散与转运枢纽临清、海港城市太仓等。此外，一些海防和边防重镇城市也各有其形制和特色，较典型的有西北的嘉峪关和山东的蓬莱水城。

明清时期社会内部已孕育了资本主义萌芽，许多城市成为手工业制造中心，如苏州、杭州的丝织业，松江的锦织业，景德镇的陶瓷，芜湖的染业，遵化的冶铁，广州的外贸，常熟的粮食加工与贸易等。

明南京城

二、集镇

明清时期发展并存留下来大量的集镇，构成带有文化内涵和鲜明地方特色的丰富遗产。由于人口迅速增长，明清时期集镇规模及数量扩大的速度极快。如上海地区在宋代仅有 9 个城镇，到明代发展到 63 个城镇，而清代在明代基础上又发展成 82 个城镇。

甪直镇

江南水乡地理条件优越，地区经济繁荣，自古以来便有“鱼米之乡”的美誉。河滨湖渠为水乡交通的主要通道，所以街巷多沿河而建，人们设码头，跨河建桥，使两岸互通。江南地区在漫长的发展历程中逐渐形成了以河道、街巷、商铺、石桥等为特点的水乡风情，“小桥、流水、人家”浓缩为水乡的景观特色。

乌镇

水乡在布局上并无成文的规矩，也没有固定的理念，皆因势因地自然形成。但人们长期的生活实践和生活经验也使水乡的布局呈现出一定的形态，一般来说可分为线性布局和网状布局两类。（图 4–2 至图 4–3）

三、宫殿、陵墓及坛庙

明清时期营建的北京故宫、十三陵、天坛、曲阜孔庙等大型皇家建筑、敕建的祭祀建筑及宗教建筑，是现存中国古代建筑群体艺术的典型代表。

大型建筑群的选址与规划设计，往往受堪舆学说的深刻影响，陵墓就是突出的例子。明代每个皇帝都要亲自选择墓址，先由精通堪舆的人会同钦天监反复比较，然后确定。堪舆理论使中国建筑群在人工与天然、建筑与环境、单体和总体之间取得了高度统一。北京的明十三陵恢宏壮丽，它依山就势，利用地形和森林形成肃穆静谧的陵墓建筑群，成为陵墓建筑的范例。（图 4–4 至图 4–8）

明十三陵神道

北京南郊的天坛是用中国传统的“天圆地方”的概念来布置的一组建筑，采用简单明了的方、圆组合布局，形成优美的建筑空间与造型，以大片柏林为衬托，创造出一种祭祀天神时的神圣崇高气氛，达到形式与内容的高度统一，成为中国古代建筑群的优秀代表作品。（图 4–9 图 4–13）

天坛

四、园林

苏州狮子林假山

明清时期园林艺术更趋繁盛，造园思想越来越丰富，造园手法也越来越巧妙，许多留存的园林佳作都成了中国园林艺术的标本。与此同时，也涌现出了一大批造园名家和造园著述。

留存至今的明清私家园林蔚为大观，江南私家园林主要分布在苏州、扬州、无锡、南京、上海、杭州等地，著名者如苏州拙政园、网师园、留园、退思园等，扬州的小盘古、个园、寄啸山庄、片石山房，无锡的寄畅园，上海的豫园、秋霞圃、古猗园，南京的随园、瞻园、煦园等。（图 4-14 至图 4-22）北方皇家园林著名者如北京颐和园、承德避暑山庄、北京北海等。（图 4-23 至图 4-27）

五、民居

丰富多彩的民居是明清时期建筑艺术的重要组成部分。由于地理环境、传统文化不同，中国传统民居的样式也风格各异。

合院式是中国最典型的民居形式，于 1976 年在陕西岐山县凤雏村发现的西周合院住宅距今已有几千年的历史。合院式之所以成为被广泛采用的民居形式，与自然环境紧密相关。合院住宅中的庭院四周闭合而露天，可以营造出内部良好的小气候，减少外在不良气候的影响，夏季可以有效地利用其遮阴、纳凉，冬季又可以很好地利用其采光保暖、抵御风沙。露天通透的庭院既是入风口，也是出风口，使空气自由流通，保证空气的健康清新。此外，庭院还有利于排水和收集雨水，更可以引入各种植物，形成湿润而充满绿意的小环境，适宜人类居住。

对于古代中国人而言，合院建筑与意识形态密不可分。长达 2000 多年的中国封建社会形成了一套严密完整的社会行为规范，这与合院建筑所具有的防卫严密、内向稳定、秩序井然的特点高度吻合。因此，其在漫长的岁月中不断发展演化，形成了独特的中国式合院住宅系统。从广义而言，中国古代的宫殿、坛庙也都是由一组组小的合院建筑所组成的规模宏大的建筑群，如北京故宫就是在一个四方的大合院中，建成了一组组功能完备、各自独立、形制各异的小合院。

除了北京以外，东北、山西、宁夏等北方地区都有大同小异的四合院出现，而南方的合院住宅形式更为丰富，包括安徽地区的“四水归堂”，古徽州府（含今安徽、江西部分地区）的马头墙民居，广东地区的“广厦连屋”，云南地区的“一颗印”等，蔚为大观。（图4-28 至图 4-32）

恭王府花园方塘水榭

六、少数民族建筑

明清时期，中国少数民族建筑有了相当的发展，不同民族的建筑风格异彩纷呈。现存著名的少数民族建筑有西藏拉萨的布达拉宫（图 4-33）、日喀则的扎什伦布寺、江孜的白居寺，以及云南傣族的缅寺、贵州侗族的风雨桥等。

拉萨布达拉宫

图 4-1 明南京城

从公元 3 世纪至 6 世纪，曾有 6 个王朝在南京建都，前后达 300 余年。1368 年，朱元璋建立明朝，定南京为明朝国都，掀起了南京城的规划建设高潮。明南京城的建设前后经过了 20 多年，形成了最终的城市规模与市区格局，当时的南京城全城人口达到百万，是当时全世界最大的城市。明南京城共设城门 13 座，门上均有城楼，重要的城门还设有 1—3 道瓮城，每道瓮城设有闸门，以加强防卫功能。明南京城至今只留有聚宝门（即今日之中华门）一处瓮城遗迹。

图 4-2
角直镇

角直镇隶属于江苏省苏州市吴中区，是一座与苏州古城同龄、具有 2500 多年历史的中国水乡文化古镇。角直镇采用了线性布局，镇中街道沿“上”字形主河道发展，街坊道路为江南水乡的一河两路格局，房屋依水傍街而建。水系的流转曲折和建筑的平面布局形成忽开忽合的空间关系，每遇一小桥或是一转折处，又会展开新的一幅画卷，具有十分美妙的景观变化及空间动感。

图 4-3 乌镇

乌镇位于浙江省嘉兴市桐乡市，保留了大量精美的明清古建筑和古桥梁，是著名的江南水乡。据考证，大约在 7000 年前，乌镇的先民就在这一带繁衍生息了，其文化属于新石器时代的马家浜文化。乌镇完整地保存着晚清和民国时期水乡古镇的风貌和格局，以河成街，街桥相连，依河筑屋，水镇一体，组织起水阁、桥梁、石板巷等独具江南韵味的建筑因素，呈现出江南水乡古镇的空间魅力。

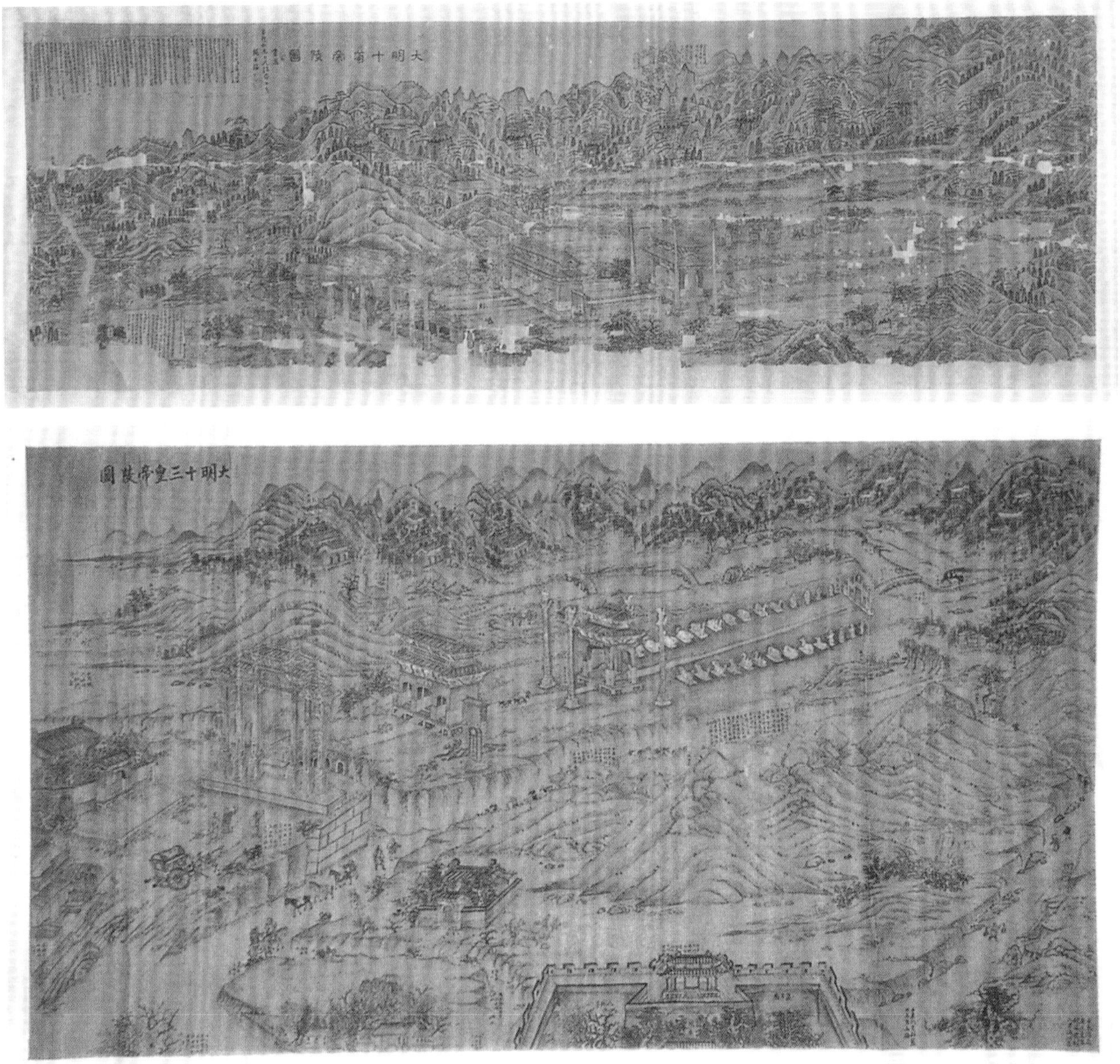

图 4-4 清人绘制的《大明十三帝陵图》

明十三陵位于北京市昌平区的天寿山南麓，建于 15 世纪初至 16 世纪中叶，是中国古代陵墓建筑的代表。

明十三陵之所以选择建于天寿山一带，一是因为陵区环山抱水，地理形势壮观，其设计者以山、水、林、原等自然景物为陵墓建筑的基础，并将“天人合一”的古代哲学观融入其中，使整个园区被赋予了极强的“宇宙图式”般的象征意义，形成了陵区永恒、神圣、崇高、庄严、肃穆而又生机勃勃、气势恢宏的氛围；二是因为我国古代的封建帝王历来重视对神祇、祖先的祭奠，这里地处北京城郊，便于按时祭拜。

通过对陵寝制度中诸元素的取舍和重新组合，十三陵的建筑规模十分宏伟，布局也主次分明、严整有序，逐步淡化了崇拜远古“灵魂”的观念，而加强了礼制观念的比重。

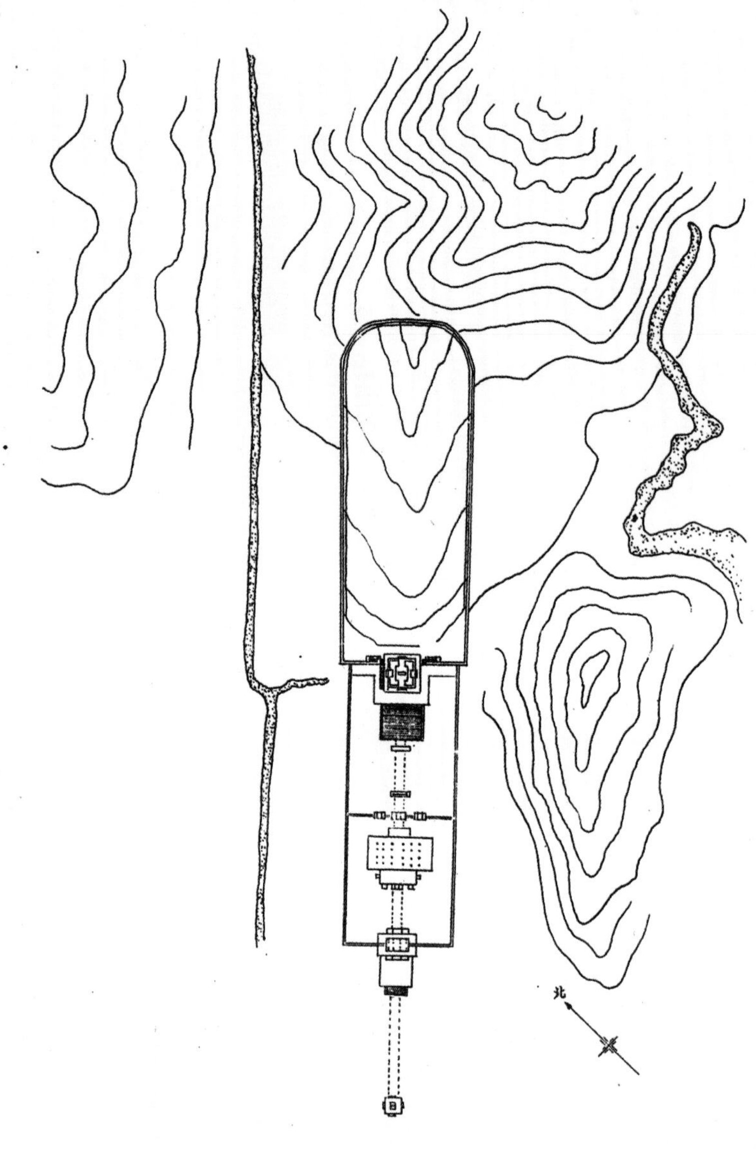

图 4-5
景陵平面示意图

十三陵各陵的陵宫建筑平面都呈前方后圆的形制，各以宝城、明楼、祾恩殿、祾恩门为主，辅以配殿、厨、库及监、署、朝房等，构成规模宏大、仪制完备的建筑群。

图 4-6
长陵鸟瞰图

主陵长陵背倚天寿山主峰，占据陵区北部的中央部位，其余各陵也各以一山为屏，分建于长陵两侧的山麓。长陵建于 1409 年，在十三陵中建筑规模最大，是明成祖朱棣和皇后徐氏的合葬墓。

长陵祾恩殿后由南至北依次排列着明楼和宝顶（坟茔）等主要建筑，建筑群按照严格的轴线对称布局。祾恩殿布置在第二进院落中央，面阔九间，进深六间，重檐庑殿式屋顶，坐落在三层汉白玉石基上，围有石栏。建筑形式颇似紫禁城太和殿，为我国现存较大的木构单体建筑之一。

图 4-7
明十三陵神道

在十三陵的陵区中央，长陵的神道幽深曲折，直通陵区之南。由于各陵神道均从此道北段分出，所以长陵神道又有总神道之称。十三陵共用一条神道也是明代帝陵区别于其他各朝帝陵的重要特征。约7.3千米长的长陵神道上布置有石牌坊、大红门、碑亭、石像生、龙凤门等一系列纪念性建筑和雕像。石像生是中国古代陵墓中常见的配置，十三陵的石像生造型生动，刻工精巧，有雄狮、獬豸、骆驼、象、麒麟、马等，均为两卧两立，石像后面是恭立着的武臣、文臣、勋臣各4尊。

图 4-8
定陵地宫

明十三陵地宫均采用巨石发券、各墓室相连的构筑方式。已发掘的定陵墓室由主室与配室组成，沿中轴线有前、中、后三主室，中室两边对称布置有配室。

图 4-9
天坛

天坛位于北京东城区，是明清时期典型的坛庙建筑，也是中国古代坛庙建筑的集大成者，因其神圣、崇高和肃穆，备受世人尊崇。20 世纪 80 年代，在法国巴黎举办的一次世界范围内的推选每个人心目中最美的建筑的活动中，天坛被选为 30 余座世界上最美丽的建筑之一。

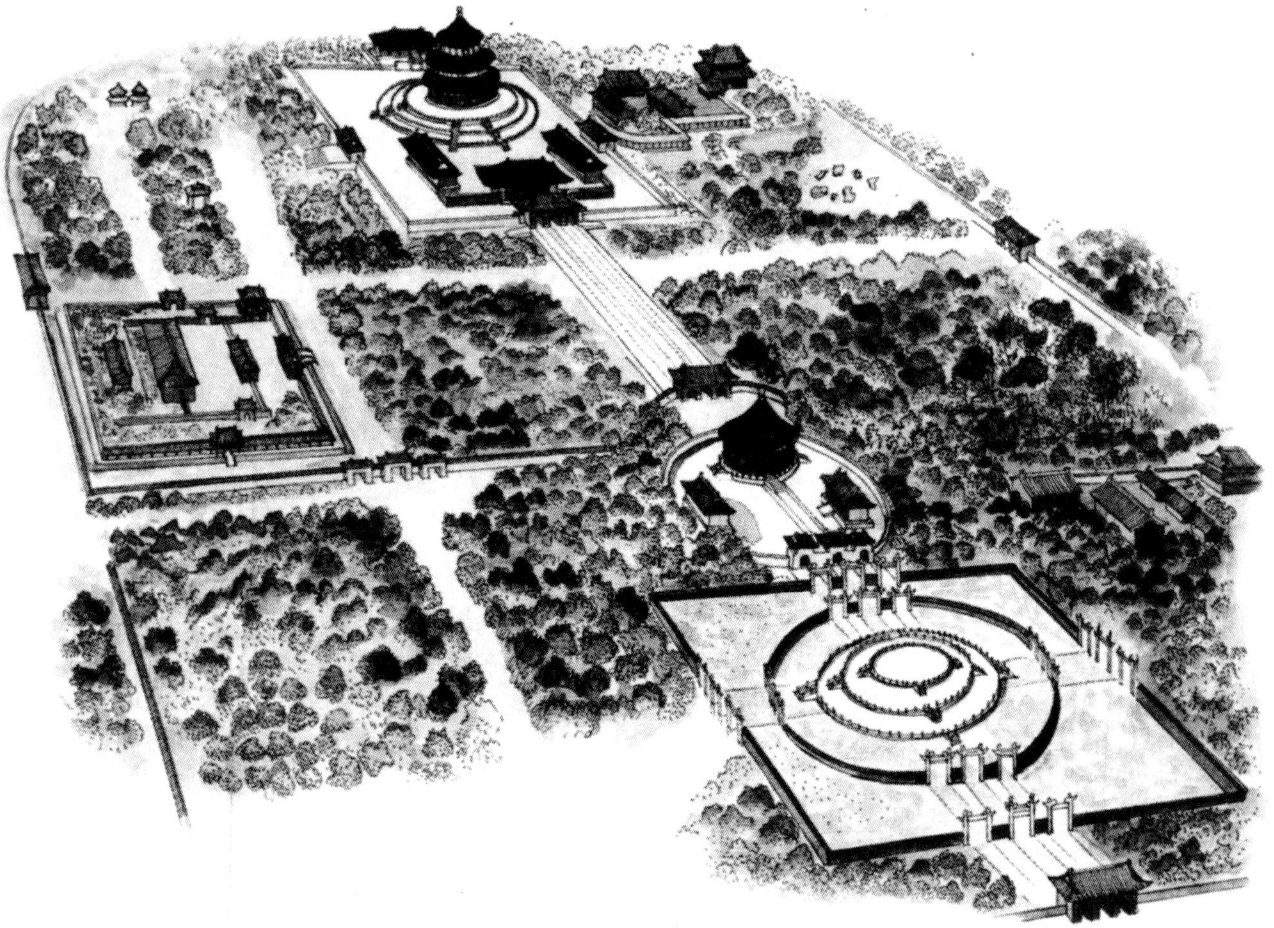

图 4-10
天坛布局示意图

天坛是古代中国人的至圣之坛，它体现了古代中国人独特的宇宙观，象征着中国人理念中的天地关系。它也是人世的统治者——帝王，与宇宙万物的主宰者——天，进行沟通交流的神圣场所，是明清两代帝王专为祭祀上天和祈求丰收而斋戒礼拜的地方。

经过刻意设计的天坛呈现为南方北圆的格局，从而突显了整座天坛建筑所代表的古代中国人理念中的“天圆地方”的宇宙内涵。

图 4-11 天坛鸟瞰图

天坛的布局与空间处理具有很高的艺术成就，它包括圜丘坛与祈谷坛两组建筑群，两组建筑群之间有一座长约 360 米、宽约 28 米、高 2.5 米的砖筑石台，它像一道天平的秤杆一样，将南北两坛巧妙地连接在一起。这座砖筑石台又被称为"神道""海墁大道""丹陛桥"。空灵幽静的圜丘坛、皇穹宇位于南端，端庄肃穆的祈年殿及其附属建筑群位于北端。通过神道的联系，二者以其超然物外的纯净、肃穆、庄重、古雅，形成了一个完整而又不可分割的建筑艺术整体。

天坛建造还使用了多种对比手法，如中轴线两端的祈年殿与圜丘以高耸的形体和低平的形象做对比，皇穹宇圆院的封闭与圜丘的开敞形成对比等，对比手法的运用创造了天坛建筑群体丰富的艺术效果。

图 4-12 天坛祈年殿

祈年殿是天坛的主体建筑，又称祈谷殿，是明清两代皇帝孟春祈谷的地方。祈年殿的设计遵循了“敬天礼神”的思想，殿为圆形，象征天圆；瓦为蓝色，象征蓝天。大殿建于高 6 米的白石雕栏环绕的三层汉白玉祈谷坛上，白、红、蓝三种颜色的交会给人一种纯净、恬静又热烈的感觉，使祈年殿显得崇高、冷峻而又不失华贵，仿若昊天上帝在人世的表征。

祈年殿为砖木结构，殿高 38 米，直径 32 米，三层重檐向上逐层收缩做伞状。建筑独特，无大梁长檩及铁钉，28 根楠木巨柱环绕排列，支撑着殿顶的重量。大殿外檐檐口之下的柱子、门窗、额枋施以红绿点金的彩绘，殿内有浓烈华美的装饰与彩画，富有浓厚的东方色彩，向人们展示了天上宫阙般的高贵与华丽。

图 4-13
圜丘

圜丘位于北京天坛中轴线南端，是明清两代皇帝祭天的场所。圜丘是用汉白玉石砌的三层露天圆台，周绕石雕栏杆，四面设踏道，坛外设两重矮墙，外方内圆，四面均置棂星门。圜丘通体晶莹洁白，台上空无一物，体现着“天”的圣洁空灵，举目四望，唯见辽阔无垠的空间。古代人认为天属阳性，又以奇数为“阳数”，而9则为阳数之极，所以圜丘的踏步数、石栏数、台上铺石圈数和每圈石数均为9或9的倍数，以表示与天的联系。

图 4-14
苏州狮子林假山

苏州是我国古代私家园林的荟萃之地，拙政园、留园、五峰园、狮子林、网师园等在苏州各处星罗棋布，形成了蔚为大观的私家园林群。

苏州私家园林的繁荣与当地优厚的物质条件分不开。从春秋时期开始，苏州就已经成为东南地区的重要城市，不但农业生产水平较高，而且手工业发达。苏州地区官至卿相的人很多，而苏州风物优美、生活舒适，又是理想的优游养老之所。另外，苏州湖泊罗布，河巷交错，筑山、开池极为便利，为苏州私家园林的建造提供了得天独厚的条件。

图 4-15
苏州狮子林画舫

苏州古典园林既满足了居住功能要求，又是多种艺术的综合体。高难度的造园技艺要求园林匠师在一块面积不大的园区内，既要容纳大量建筑物，又要构筑自然山水。古代的园林匠师们一方面把房屋、花木、山水融为一体，另一方面利用“咫尺山林”再现了大自然的风景，营造了“诗情画意”的美好意境。

虽然苏州各园的具体布局因规模、地形、内容不同而有所差异，但都是以厅堂作为全园的活动中心，面对厅堂进行花木、山池等对景或借景的设置。厅堂周围和山池之间缀以亭台楼榭，并用蹊径和回廊联系起来，组成一个可居、可观、可游的整体。

图 4-16 苏州网师园中部鸟瞰示意图

在具体布局上，苏州私家园林多采用分区和空间变化来达到主次分明、曲径通幽的效果；而游览线路的合理设置使园林景观如画卷般一一展现出来，丰富多彩。如网师园园内布局可划分为三区，南面以小山丛桂轩、蹈和馆、琴室为一区，构成居住宴聚的小庭院；北面以五峰书屋、集虚斋、看松读画轩、殿春簃等组成以书房为主的庭院一区；中部以水池为中心，配以花木、山石、建筑，形成主景区，突出“网师”“渔隐”的主题，池水荡漾，景色开朗。

图 4-17
苏州网师园中部水景

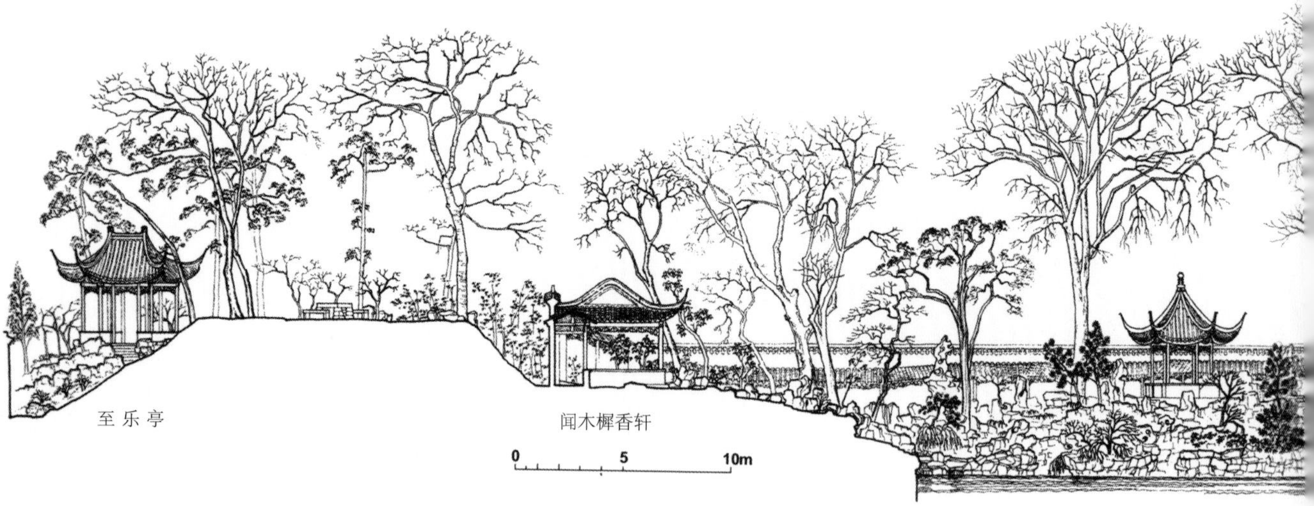

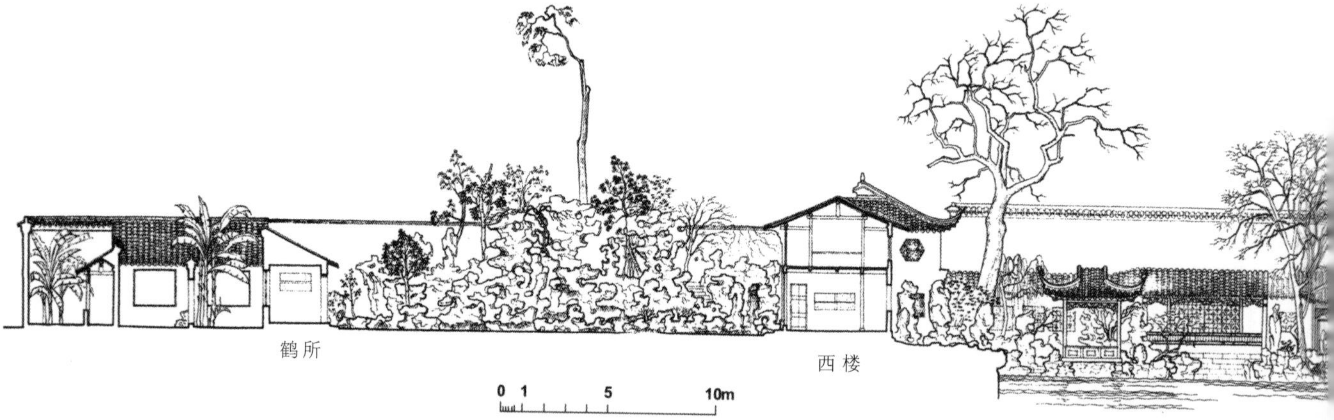

图 4-18 苏州留园中部横向剖面图

对比和衬托、对景与借景是苏州古典园林必不可少的造景艺术手法。留园位于苏州阊门外留园路，始建于明嘉靖年间（1522—1566），是现存苏州四大名园之一。留园建筑空间处理精湛，造园家运用各种艺术手法，构造出有节奏、有韵律的园林空间体系，使之成为世界闻名的建筑空间艺术处理的范例。

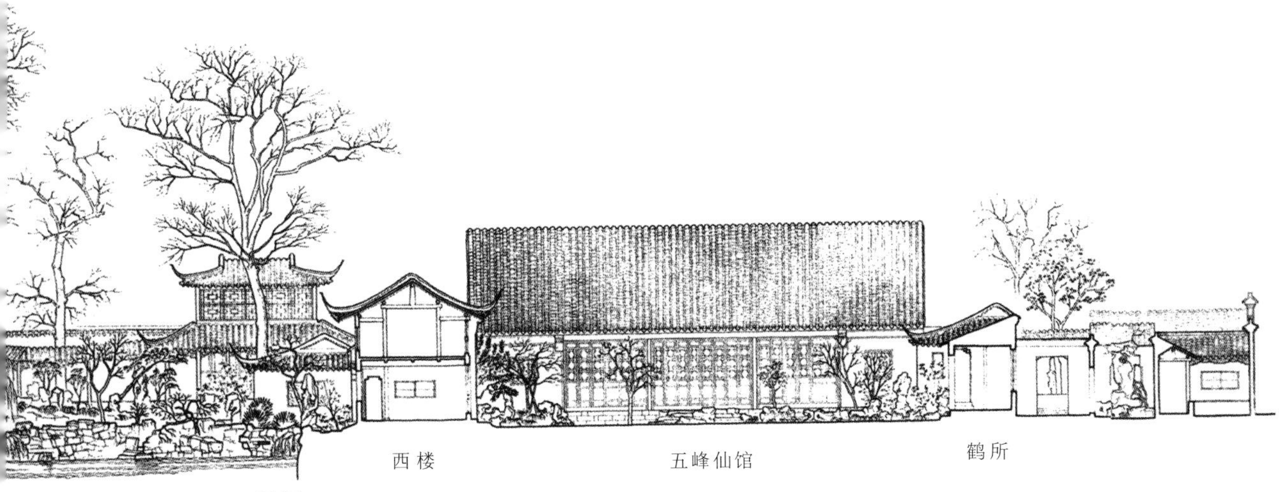
西楼
五峰仙馆
鹤所
远翠阁

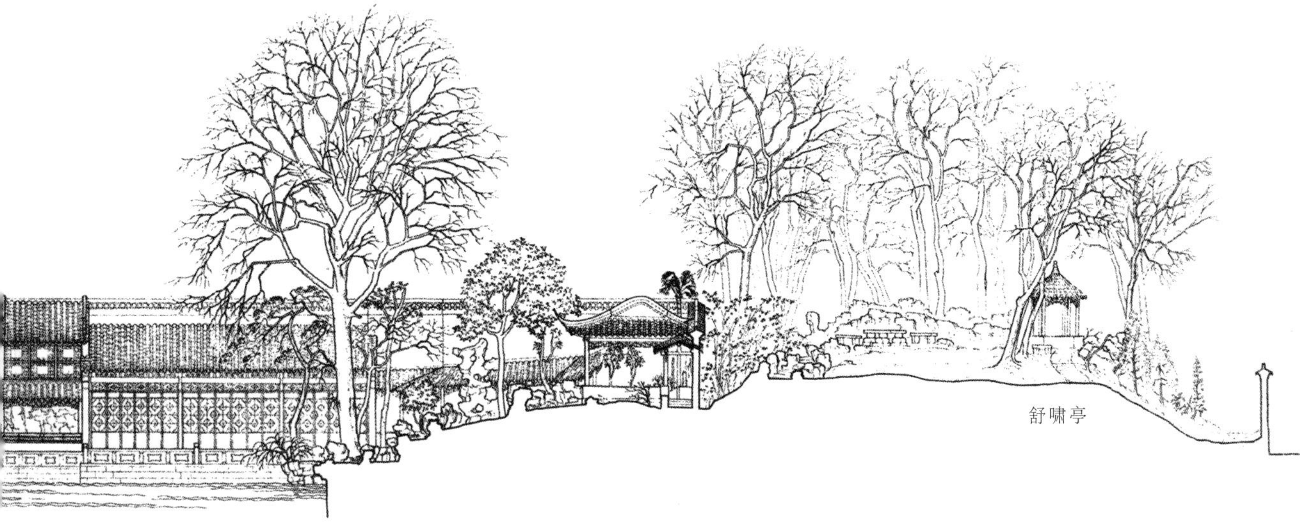
舒啸亭
明瑟楼
涵碧山房

图 4-19

苏州留园绿荫轩与明瑟楼

图 4-20
苏州拙政园水廊

叠山理水是中国山水画式的园林建造的重要手法。苏州园林在组织园景方面，以水池为中心，辅以溪涧、水谷、瀑布等，配合山石、花木、水廊和亭阁，形成各种不同的景色。

拙政园位于苏州城娄门内东北街，占地面积约 4 万平方米，为苏州四大名园之首。全园以水为中心，山水萦绕，亭榭精美，花木繁茂，具有浓郁的江南水乡特色。花园分为东、中、西三部分，东花园开阔疏朗，中花园是全园精华所在，西花园建筑精美，各具特色。

图 4-21
拙政园中部园景鸟瞰示意图（之一）

图 4-22
拙政园中部园景鸟瞰示意图（之二）

图 4-23 颐和园万寿山佛香阁

历代皇家园林作为一种特殊的人造景观，除了满足皇家贵族的游乐、居住、朝仪、理政等需求外，与宫殿、坛庙等皇家建筑一样，象征着皇权的至高无上，寄托了历代帝王治国平天下的理想，所以皇家园林中的布局、建筑形式、匾额题名都暗含深意。

万寿山在颐和园长廊北侧，绿荫蔽日。在万寿山正中耸立着高约40米的佛香阁，其前有排云殿，后有智慧海，左右有宝云阁和转轮藏。华丽的殿堂楼阁和院落空间构成了一条贯穿前山上下的景观中轴线，整组建筑群由山顶延至山脚，气势极为雄浑，成为全园的景观中心。

图 4-24 圆明园大水法遗址

在中国漫长的园林发展过程中，皇家园林始终是一条主线，蔚为壮观。清朝康熙至乾隆年间（1662—1795），皇家园林的建造达到顶峰，颐和园、圆明园、承德避暑山庄都是在这一时期建成或进行了扩建。

圆明园始建于康熙四十八年（1709年），后来乾隆皇帝六下江南，漫游江南名园胜景，命人临摹下图样，前后两次在圆明园内进行了大规模的修建，并且在旁边扩充出长春园、绮春园、熙春园、春熙院 4 座附园，设有 100 多个景区。因艺术价值甚高，圆明园被誉为“万园之园”。乾隆皇帝还将西郊翁山和西湖分别命名为万寿山和昆明湖，创建清漪园（现颐和园），形成了以圆明园为核心的“三山五园”御园群，亭榭相接，山水相望，极为壮观。但是，1860 年英法联军攻入北京，对圆明园等处进行了大规模的焚掠，使清代的御苑遭遇了巨大的劫难。

图 4-25 圆明园方壶胜境

在古代中国，帝王都有向往仙境、希求长生的心理，因而皇家园林中许多景观直接以传说中的仙境为主题，塑造出美轮美奂的景观效果。这成为皇家园林一项极为重要的造园传统，这些人工营造的仙境也成为御苑独特的风景。

方壶胜境是圆明园四十景之一，于 1738 年建成，占地面积约 2 万平方米。整个建筑群采用严格的对称布局，用一条中轴线连着南北两个群组。整个景区共设置了 9 座楼阁和 3 座高台重檐的亭子，其间以石拱桥及爬山廊、附廊连接，呈现出一派华丽的景象，用以比拟仙境中的金玉楼阁。

图4-26 颐和园谐趣园

谐趣园位于颐和园后湖东端，又名惠山园，是仿无锡惠山山麓的寄畅园而建的园中之园。该园由南部的水园和北部的霁清轩组成，由位于西南角的园门入园。园内共有亭、台、堂、榭13处，并由百间游廊和5座形式不同的桥相沟通。园内东南角有一石桥，桥头石坊上乾隆题写的“知鱼桥”三字额，是由《庄子·秋水》中庄子和惠子在濠上的争论而来。

图 4-27

承德避暑山庄文园狮子林

王立平提供

皇家园林除了模拟传说中的仙境之外，通常还以全国各地的山岳河湖和名园胜景为范本来造景，通过仿建的方法在皇家园林中重现天下美景。圆明园、颐和园和承德避暑山庄都有很多模拟式的景观。

文园狮子林位于承德避暑山庄内，以建筑物环绕水庭布置为特色，两岸建筑错落有致，又有虹桥、曲桥点缀于池上，景观变化丰富。园子由三个院落组成，三个院落各具主题，形式各异，共同构成一个相互补充、相互依存的统一整体，成为避暑山庄中最精彩的园林景观。文园狮子林建于 1767 年，是仿苏州狮子林而建，为著名的园中之园。

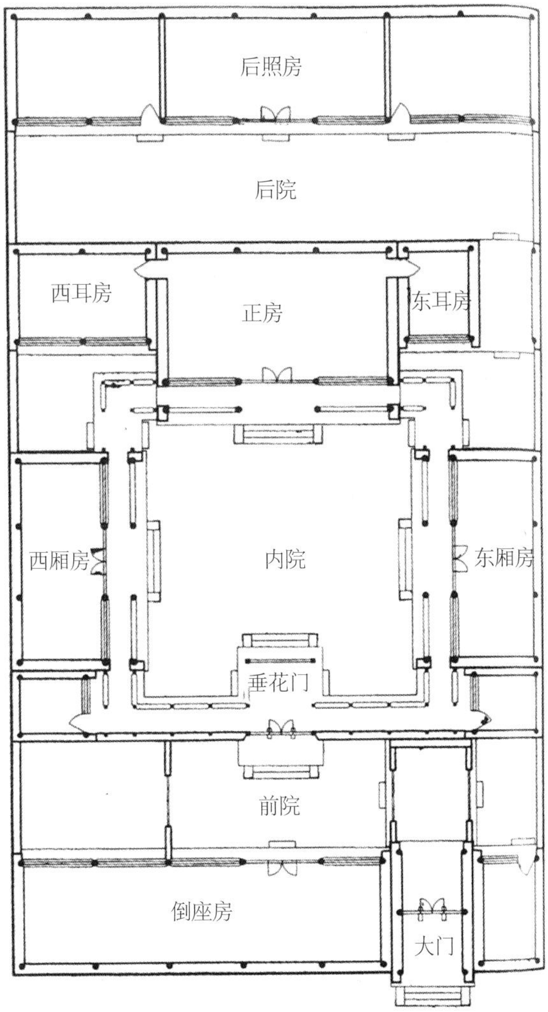

图 4-28 三进四合院平面示意图

北京四合院位于北京旧城，是最典型的中国古代庭院式住宅，因各阶层地位和生活方式的不同，北京四合院的具体形式也千差万别，分为一正一厢、三合院、四合院、两进院、多进四合院、带侧院及花厅的四合院，以及设侧轴线的大型四合院等。

四合院一般有前、中、后三院，或内、外两院，大门设于外院或前院的东南角，进入大门，迎面为影壁，前院中布置门房、客厅、客房，并在隅角设杂物小院。内院由正房、厢房以及正房两侧的耳房组成，正房为长辈的起居处，厢房为晚辈的住房。正房以北可另辟狭长院落为后院，布置厨、厕、贮藏之处、仆役住室等。

较大的四合院还可以增加数进院落，或加设跨院。此外，也可扩地经营宅园，布置山池花木。如清末大学士、军机大臣那桐的宅子就拥有七进院落，每进院落又分别有多进院子，共几百间房子，几乎占据了小半条胡同。

图4-29 恭王府大宫门

明清时代的王爷、大臣、文士的府邸往往是并列多跨、格局相似的四合院院落。恭王府位于北京市西城区前海西街，是北京最著名的一座王府，也是保存最完整的一座王府。恭王府前身并不是王府，而是乾隆时期的权臣和珅的府第。和珅当权的 20 多年时间里，权势熏天，贪赃枉法，无所不为，积聚了巨额财富，因此把自己的这座宅第修建得宏伟无比，其豪华程度甚至超过了许多王府。晚清时期，一度掌管朝政的恭亲王奕䜣居住在此座府第之中，并改其名为恭王府。现在对外开放的恭王府在 2006—2008 年期间进行了一次大修，基本恢复了鼎盛时期的面貌。

图 4-30 恭王府正殿

恭王府作为清朝亲王的府邸，其建筑布局规整、工艺精良、楼阁交错，充分体现了皇家辉煌富贵的风范和民间清致素雅的风韵。恭王府分为府邸和花园两大部分，府邸居前，分东、中、西三路，中路为仪典空间，东、西两路为居住空间，花园为休闲空间，功能分区明确。三路轴线各有五进院落，气势宏伟，而且大多数院落包含正房和厢房，显得非常整齐。

图 4-31
恭王府花园方塘水榭

恭王府花园又名“萃锦园”，与府邸相呼应，也分为东、中、西三路。园内布局、设计具有较高的艺术水平，造园模仿了皇宫内的宁寿宫。全园以“山”字形假山拱抱，东、南、西面均堆土累石为山，中路又以房山石堆砌洞壑，手法颇高。花园内古木参天，怪石林立，环山衔水，亭台楼榭，廊回路转。

图 4-32 恭王府西路垂花门

北京四合院的前院至正院的通道位置常设有中门，并做成垂花门的形式，界分内外。在北京的四合院居住习俗中，有“忠、孝、悌、恕、贞、信”等道德规范要求，讲究内外有别、上下有等、前后有序等。人们生活在这种环境中，潜移默化地受到熏陶和影响，他们的政治观点、人生观、社会行为，以至言谈举止自然会留下这些约束的痕迹，而这也正是老北京四合院建筑的文化功能之所在。

图 4-33 拉萨布达拉宫

布达拉宫位于西藏自治区拉萨市，整个宫殿建筑群集城堡、宫殿、灵塔、喇嘛寺院、佛学院等于一体，是现存西藏规模最大、形制最完整的古代宫堡建筑群。布达拉宫相传于公元 7 世纪由松赞干布始建，吐蕃王朝灭亡后，布达拉宫也毁于战火。1645 年，五世达赖喇嘛重建了布达拉“白宫”及宫墙角楼等。1690 年，第司·桑吉嘉措为五世达赖喇嘛修建灵塔，扩建了“红宫”。1936 年，十三世达赖喇嘛的灵塔建成，布达拉宫形成了今日的规模。

与自然环境的完美结合是布达拉宫最重要的特点。布达拉宫巧妙地利用自然地形，将大小不同、类型各异的建筑有序地组织在一起，使之高下错落，楼宇层叠，同时取得了主次分明、重点突出的艺术效果，烘托出了白宫、红宫的主体地位（白宫为达赖喇嘛居住的地方，红宫为佛殿及历代达赖喇嘛的灵塔殿），既表现出对世俗王权和达赖喇嘛的敬畏，也传递出对佛教圣地和人间天国的憧憬。

第五章 百花齐放

（1840年以后的建筑）

从19世纪中期起至今，传统的中华文明出现了数千年来前所未有的巨变，由于城市功能、生活观念和方式、建筑材料及施工方法等诸方面的改变，中国的近现代建筑文化也出现了根本性的转变，审美观念和价值评判标准也随之发生了重大变化。

一、西方建筑样式的大量输入

1840年前后，一方面是中国古典的传统文化趋于衰落和解体，另一方面则是西方文化以其强势地位乘虚而入，由此构成了中国近代建筑文化变革的格局：中国传统木结构建筑体系逐渐隐退，中国传统建筑体系包括它的形式、结构，以及构造和材料等不再适用和满足随着社会巨变而来的新功能、新观念、新趣味的时代要求。体现着西方近代文明生活的银行、工厂、仓库、教堂、饭店、俱乐部、会堂、医院、商场、独立住宅等新型建筑已然出现在中国的建筑舞台上，并不同程度地扮演着文化传播者的角色。受当时欧洲建筑文化的影响，当时输入的西方建筑多为哥特式或巴洛克风格，它们大多体量庞大，具有强烈的视觉冲击力，被视作异域文化的象征。（图5-1）

远瀛观

二、中国传统建筑的复兴

19世纪30年代前后，受到西方殖民压迫的中国人民族意识日渐觉醒，视西方建筑为民族耻辱的象征，烧毁多座外国人修建的教堂，追求独立自主、反对压迫剥削的民族情绪日益高涨。在此形势之下，一些外国建筑师开始在学校、医院一类建筑中采用中国固有的建筑形式，如20世纪20年代的金陵大学（图5-2）、燕京大学、辅仁大学、圣约翰大学、武汉大学、北京协和医院等，中国传统建筑样式也成为教会建筑的一种特定风格，自此兴起了一股传统复兴的浪潮。

金陵大学北大楼

中国传统建筑得以复兴也得益于当时的国民政府的倡导和支持。在当时的官方指定下，一大批国家级的建筑以中国固有的建筑形式出现，如上海市政府办公楼、南京国民党中央党史史料陈列馆等。

正是由于民族意识的觉醒和国民政府的倡导，中国的建筑创作出现了古典复兴和民族形式的热潮。然而，这一建筑运动虽具有探索性，却不是中国建筑发展中本质规律所引起的自身演变的结果，既缺少足够的物质基础，又缺少足以指导和深化这场运动的建筑思想和学术理论，因而不可避免地成为西方古典复兴和折中主义思想在中国的翻版，建筑形式也不外乎中国的复古式、古典式、折中式三种趋向。

复古式

复古式是指建筑的造型及细部装饰纯粹仿造中国古代宫殿庙宇的一种建筑形式，代表作品有南京博物院（图5-3）、国民党中央党史史料陈列馆、南京灵谷寺国民革命军阵亡将士公墓等。但是这种形式的建筑既不适用，又造价昂贵，所以无论在实用功能上还是在技术材料上都出现了严重不合理现象。除了艺术上表现出了建筑师对古代建筑知识的熟悉外，它们并未能展现艺术的创造力，大多不过是某种古代建筑的复制品，如南京中山陵藏经楼仿照了北京雍和宫法轮殿，灵谷寺塔为宋代八角楼阁式塔的再版，南京谭延闿墓所置牌坊、石碑、华表及祭堂等建筑莫不以北京清代建筑为蓝本。

南京博物院

中山陵

古典式

古典式基本保持了传统建筑的比例和细部，特别是以大屋顶作为造型的主要特征，力求功能与形式的较好结合，对形式本身也尽量加以融会变通，试图有所发展和革新。代表作品有南京中山陵（图5-4）、广州中山纪念堂、广州市政府合署办公大楼、北平图书馆（今国家图书馆分馆）等。

折中式

折中式建筑是在西方近代建筑思潮影响下，对中国古典式建筑风格进一步简化、变通的产物，其特征是基本上取消了大屋顶和油漆彩画，也不因循古典的构图比例，只是在立面上增加一些经过简化的古建筑构件装饰作为民族风格的符号和标志。代表建筑有南京原国民党外交部办公大楼、北京交通银行、南京国民大会堂、上海中国银行、北京八仙桥基督教青年会大楼、上海江湾体育场等。（图 5-5）

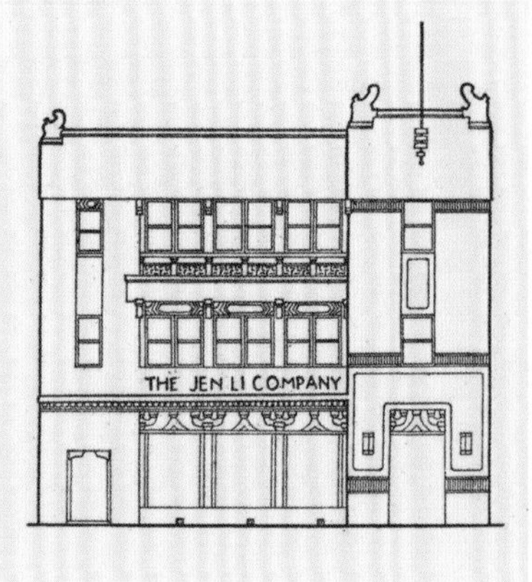

仁立地毯公司立面示意图

虽然中国建筑经历了短暂的民族复兴时期，民族形式成为近代建筑创作的新命题，但新条件下传统建筑和民族形式思潮本身具有一些弱点，如：不能满足时代需要，经济上投入大，时间耗费长等。因此，人们对于搬用传统形式的做法由一味盲从转向怀疑和否定，并开始思索中国传统建筑的发展之路，认为“表现中国精神，需要另辟途径”。

三、百花齐放的现代建筑

抗日战争和解放战争期间，中国遭受了巨大的破坏，中华人民共和国成立前的中国国民经济几近崩溃，民生凋敝。中华人民共和国成立后虽百废待举，但限于国库空虚，国力有限，国家只能有限地发展经济建设，城市建设相对滞后。直至 20 世纪 60 年代后期，为庆祝中华人民共和国成立 10 周年，才举全国之力兴建了人民大会堂、人民英雄纪念碑、中国国家博物馆（图 5-6）、北京火车站、中国美术馆、全国农业展览馆、民族文化宫等十大建筑，掀起了城市建设与建筑创作的新高潮。

20 世纪 80 年代改革开放重启国门之后，各种国际流行的建筑思想、思潮再次迅速涌入中国，如历史主义、解构主义、后现代主义、符号学等，同时绿色、环保、生态、低碳、可持续等观念也被广泛接受，建筑理论与艺术创作呈现出欣欣向荣的局面，这一时期被人们称为建筑发展新时期。在新时期的建筑创作中，不但出现了一大批勇于探索并卓有成就的优秀建筑师，也出现了一大批优秀的建筑作

中国国家博物馆

品，如深圳国贸大厦、南京金陵饭店、上海图书馆、北京国际饭店。也有一些作品主要是由海外建筑师主持设计的，如上海金茂大厦（图 5-7）、北京香山饭店、深圳地王大厦、北京长城饭店等。

由于国际的信息交流和文化交融空前迅捷与频繁，当代的世界建筑也表现出一种全球化的趋势。1999 年国际建筑协会第 20 次大会在北京举行，象征中国现代建筑已然全面融入多元的国际建筑大潮之中。在经济全球化背景下，国际上一些著名的建筑师纷纷来到中国开办建筑师事务所，承揽建筑设计项目，或参与中国重要项目的国际招标，完成了许多影响广泛的建筑项目，如北京中日青年交流中心、国家体育场“鸟巢”（图 5-8 至图 5-9）、国家大剧院（图 5-10）、央视新大楼、上海大剧院等，使中国进一步融入世界建筑的大潮之中。

新时期人们对建筑创作的探索是多样的，除了对建筑艺术风格的追求，对建筑技术、建筑材料、建筑环境等领域的关注也成为建筑师孜孜以求的新方向，如北京国家奥林匹克中心体育馆、奥林匹克游泳馆，上海“东方明珠”广播电视塔（图 5-11）以及北京国际展览中心等。

在百花齐放的当代建筑中，也有一些建筑师乐于思考，勇于实践，创作了富有本土化、多元化特色的建筑作品，如苏州博物馆、上海世博会中国馆等。（图 5-12 至图 5-14）

社会文化与艺术的发展演化正处于新旧更替的变动之中，形形色色的建筑理论，各种各样的建筑思潮，此消彼长，竞相斗艳，建筑师的创作愈加活跃，建筑艺术作品异彩纷呈，世界建筑发展在走向一体化的同时，又将出现一个多元化的未来。

国家体育场“鸟巢”

上海“东方明珠”广播电视塔

苏州博物馆内庭

四、中国香港、澳门以及台湾地区的建筑

在中国香港、澳门和台湾地区，现代建筑的发展较之大陆更为充分。由于以上地区地处沿海，并一直保持着与国际的联系，因而在建筑领域也一直与世界建筑发展保持着同步和互动。

香港

香港作为自由港和金融中心、购物天堂，城市空间与建筑风

香港中国银行大厦

格倾向国际主义风格，其中著名的建筑有香港中国银行大厦（图 5-15）、香港汇丰银行、香港艺术中心、香港文化中心、香港体育馆等。

台北 101 大厦

台湾

台湾地区在文化上继承了中国传统文化的精髓，因而建筑也更多地表现为传统复兴与现代主义并行发展的态势，其中属于传统复兴思潮的代表作品有圆山饭店、台北故宫博物院、台北中山纪念馆等；属于现代主义的建筑作品有台北市立美术馆、台北新光大楼、台北 101 大厦（图 5-16）、台北世界贸易中心等。

大三巴牌坊

澳门

与香港、台湾比较而言，由于历史原因，澳门保留了大量的近代建筑，因而也更多地保持了原有城市格局和既有风貌。作为近代中西方文化交融的窗口，澳门历史城区被联合国列入世界文化遗产名录，成为富有特色的文化旅游胜地。澳门同时也是一个现代化的商业城市，新建筑穿插于原有城市建筑之中，新老融合，生机勃勃，现代建筑中较著名的有葡京酒店、澳门中国银行、大三巴牌坊（图 5-17）等。

图 5-1
远瀛观

圆明园长春园北区景点是由意大利传教士郎世宁等人设计的，景区内主要建筑有“远瀛观”“方外观”“海宴堂”“谐奇趣”“养雀笼”“蓄水楼”等，俗称“西洋楼”，均仿照欧洲文艺复兴后期的巴洛克、洛可可风格，但在细部和装饰上又融合了许多中国传统手法，是近代中国成功引进西方建筑的著名实例。1860年，英法联军侵入北京，圆明园惨遭焚烧，精美的楼园只剩下了残垣断壁。

图 5-2
金陵大学北大楼

金陵大学北大楼位于江苏省南京市南京大学校内，是现在的南京大学鼓楼校区行政楼。它由美国建筑师设计，是南京大学标志性建筑，也是南京大学的象征。北大楼于 1919 年落成，砖木结构，屋顶为中国建筑常用的歇山顶，灰色筒瓦，青砖厚墙。主体建筑两层，塔楼五层，虽不高大，却雄伟壮观。四周绿树密植，墙体爬满茂密的藤蔓，成为校园一大景观。

图 5-3
南京博物院

南京博物院位于南京市玄武区中山东路，始建于 1936 年，由民国著名建筑师徐敬直设计，经建筑大师梁思成修改，仿辽代建筑风格。20 世纪初的中国建筑师因受近代欧美复古思潮的影响，在国内推崇中国建筑的古典复兴，认为辽代建筑在风格上继承了唐代建筑的豪爽之风，因而该建筑采用了辽代宫殿式样。

南京博物院的结构虽为钢筋混凝土和钢屋架，但形式纯系辽代木构大殿样式，“大殿”面阔九间，单檐庑殿顶，造型和比例均极严谨，柱子有“侧脚”和“升起”，瓦当和鸱吻等构件更是经过严格考证才浇筑而成，因而从整体到局部都是地道的古建筑形式，是中国传统建筑形式的一缕余光。

图 5-4 中山陵

中山陵位于江苏南京紫金山南坡，1929年夏建成祭堂、墓室，由吕彦直设计。陵墓主体平面采用了象征性的钟形，既包含先行者鸣钟唤醒国人的寓意，又象征近代中国人民的觉悟。在抵达祭堂前，人们须先攀登设计者着意布置的大石阶和平台。宽大的石阶自墓道尽端的石亭至祭堂，由缓而陡，次第升起，营造出崇高而肃穆的气氛；层层宽大的踏步把尺度有限的祭堂和其他附属建筑连为一体，成功地塑造了陵园建筑庄严恢宏的整体气势。

中山陵是近代中国建筑师第一次规划设计大型建筑组群的重要作品，也是探讨民族形式的一件较为成功的作品，是对中国古代陵墓建筑所做的最后一次总结。当年为建造中山陵，葬事筹备委员会曾进行了专门的设计竞赛，悬赏征求方案的条例中明确指定："祭堂图案须采用中国古式而含有特殊与纪念之性质者，或根据中国建筑精神特创新格亦可。"共有40多名中外建筑师参与此次竞赛，头三名均为中国建筑师，委员会最终选用了年轻建筑师吕彦直的头奖方案进行深入设计和建造。继中山陵之后，吕彦直1926年又在广州中山纪念堂的设计竞赛中夺冠，展示了近代中国建筑师的才华。

图 5-5 仁立地毯公司立面示意图

仁立地毯公司位于北京市王府井大街，是由建筑大师梁思成设计的，后来在王府井大街的改造和扩建中被拆除。该建筑立面为折中式风格，是古典手法运用得比较传统和灵活的个例。其特点是把古代构件装饰和门面构图重新组合后施用于近代小型商业铺面及内部装修，如橱窗的八边形、人字形和一斗三升斗拱，二楼外面的勾片栏杆，墙质端的清式琉璃脊吻，室内磨砖和门上的宋式斗拱彩画等，繁简适度，雅致清新，别具一格。

图 5-6 中国国家博物馆

中国国家博物馆位于北京市天安门广场东侧、东长安街南侧，与人民大会堂东西相对，是历史与艺术并重，集收藏、展览、考古、研究、公共教育、文化交流于一体的综合性博物馆。截至 2013 年末，中国国家博物馆总建筑面积近 20 万平方米，藏品数量为 100 余万件，展厅数量 48 个，是中国文物收藏量极为丰富的博物馆之一。

中国国家博物馆由为庆祝中华人民共和国成立 10 周年而建的十大建筑中的中国革命博物馆和中国历史博物馆在 1969 年合并而成，1983 年两馆又独立建制，2003 年两馆再次合并，成立中国国家博物馆。2007 年 4 月，中国国家博物馆开始了大规模的扩建，2011 年 3 月建成后成为世界上单体面积最大的博物馆。

图 5-7
金茂大厦

金茂大厦位于上海浦东新区陆家嘴金融贸易区，1999年建成，高420.5米，曾经是中国大陆最高的大楼，也是上海最著名的景点及地标之一。大厦由美国芝加哥SOM设计事务所设计，设计师巧妙地将当时世界最新的建筑潮流与中国传统建筑风格相结合，使之成为海派建筑史上的里程碑。

图 5-8
国家体育场
“鸟巢”

国家体育场“鸟巢”位于北京奥林匹克公园中心区南部，由瑞士建筑师雅克·赫尔佐格、德梅隆等人设计。整个体育场结构的组件相互支撑，形成网格状的构架，外轮廓呈马鞍形，酷似一个用钢架编织而成的镂空的巢窝，暗喻孕育生命的“巢”和摇篮，寄托着人类对未来的希望。设计者有意将建筑网架结构暴露在外，使之自然形成建筑的外观，赋予体育场不可思议的戏剧性和无与伦比的震撼力。鸟巢是个建筑奇迹，充满了富有魅力的文学想象，其庞大的体量和曲线造型也与西侧简洁方正的国家游泳中心“水立方”形成了方圆和动静的强烈对比，成为当代中国历史的一个时空坐标，不但反映了北京人文奥运、科技奥运、绿色奥运的理念，同时被认为见证了 21 世纪人类在建筑与人居环境领域的不懈追求，也见证了中国这个东方文明古国不断走向开放的历史进程。

图 5-9
“鸟巢”内部

图 5-10
国家大剧院

国家大剧院位于北京市天安门广场西侧，由法国建筑师保罗·安德鲁主持设计。国家大剧院从第一次立项到正式运营，经历了 49 年，其设计方案经历了三次竞标、两次修改，2007 年建成。剧院内部包括歌剧院、音乐厅、戏剧场、小剧场及相应的配套设施，外部为钢结构壳体，呈半椭球形，表面由 18 000 多块钛金属板拼接而成，四周环绕人工湖，极具时代感。

图 5-11
上海"东方明珠"广播电视塔

上海"东方明珠"广播电视塔位于浦东新区陆家嘴，由江欢成主持设计，是上海著名的地标建筑，高 468 米，曾经是亚洲第二高塔、世界第四大高塔。"东方明珠"广播电视塔选用了东方人喜爱的圆体作为基本建筑线条，主体由 3 个斜筒体、3 个直筒体和 8 个钢结构球体组成，形成巨大的空间框架结构，实现了现代科技与东方文化的完美统一，是建筑史上新结构、新技术与新形式探索的重要案例。

图 5-12
苏州博物馆入口

苏州博物馆是贝聿铭在中国大陆仅有的三件建筑作品之一，也是他为家乡苏州倾情设计的唯一作品。苏州是贝聿铭的故乡，他的叔父贝润生是颜料巨商，曾经购下苏州四大名园之一的狮子林，贝聿铭在狮子林度过了一段童年时光，忠王府、拙政园、狮子林就是他从小熟悉的环境。因此，设计苏州博物馆对贝聿铭来说不仅是一次巨大的挑战，也是他孩童时代就已经种下的梦想，是他沉淀在心中多年难以割舍的亲情。

图 5-13 苏州博物馆内庭

苏州博物馆位于太平天国忠王李秀成王府遗址上，是一座集现代化馆舍建筑、古代建筑与创新山水园林于一体的综合性博物馆。博物馆新馆的设计结合了传统的苏州建筑风格，把博物馆置于院落之间，使建筑物与周围环境相协调。博物馆屋顶设计的灵感来源于苏州传统坡屋顶的飞檐翘角，但新的屋顶已被重新诠释，并演变成一种新的几何效果。自然光线透过玻璃屋顶进入室内，产生了奇幻的空间效果。苏州博物馆是苏州民居和现代建筑和谐对接的范例，融建筑于园林之中，化创新于传统之间，使传统与现代、东方古代文明和西方现代科技相辅相成、协调相融。

图 5-14
上海世博会中国馆

上海世博会中国馆位于世博园 A 片区，建筑的造型如冠盖，层叠出挑，制似斗拱。底部有 4 根粗大的方柱，托起斗状的主体建筑，向前倾斜的倒梯形结构是对现代建筑结构的挑战。设计者在青铜器、陶瓷等中国器物及中国传统建筑的九宫网格中汲取灵感，对斗拱这一传统建筑构件进行提炼，使“中国之器”生成为“东方之冠”，整座建筑稳妥、大气、壮观，富有中国气派。

图 5-15
香港中国银行大厦

香港中国银行大厦位于香港中西区花园道与金钟道交界处，曾经是香港最高、世界第五高的建筑，是香港最现代化的建筑之一，由贝聿铭建筑师事务所设计。设计灵感源自竹子的“节节高升”，大楼平面呈正方形，墙面划成几组三角形，每组三角形的高度不同，如同节节上升的竹子，象征着力量、生机、茁壮和锐意进取的精神。该建筑将中国传统的建筑理念和现代先进的建筑科技结合起来，不同高度的三角柱身组合起来呈多面棱形，好比璀璨生辉的水晶体，在阳光照射下呈现出不同色彩。

图 5-16
台北 101 大厦

101 大厦位于台湾省台北市信义区，由建筑师李祖原设计，2010 年以前是世界第一高楼。建筑以中国人的吉祥数字“八”（“发”的谐音）作为设计单元。每八层楼为一个结构单元，彼此接续，层层相叠，构筑成整体。它在外观上宛若劲竹节节高升、柔韧有余，形成有节奏的律动美感，开创国际摩天楼新风格。

图 5-17 大三巴牌坊

大三巴牌坊位于澳门大三巴斜港大巴街附近的小山丘上，因为现在只留下了教堂正面的前壁和教堂前面的大台阶，又称圣保禄大教堂遗址，是“澳门八景”之一，也是澳门的象征。该教堂建筑具较典型的巴洛克风格，并糅杂了一些 16 世纪后半叶佛罗伦萨和热那亚教堂装饰艺术的手法，然而它的细部和韵味仍然打上了中国烙印，一些装饰具有明显的东方色彩，是中西合璧的成功典范。